群体智能协作测试

实战案例集

杨鹏 申玉强 赵聚雪 黄勇 孙庚 陈振宇 主编

人民邮电出版社
北京

图书在版编目（CIP）数据

群体智能协作测试实战案例集 / 杨鹏等主编. -- 北京 : 人民邮电出版社, 2022.7
ISBN 978-7-115-57628-6

Ⅰ. ①群… Ⅱ. ①杨… Ⅲ. ①软件开发－程序测试－案例 Ⅳ. ①TP311.55

中国版本图书馆CIP数据核字(2021)第206769号

内 容 提 要

本书共有 6 章内容，开篇第 1 章对软件测试、众包测试、群体智能协作测试这 3 个围绕软件系统开展的测试活动进行了描述；第 6 章是对群体智能协作测试的总结与展望；中间 4 章内容汇集慕测平台过去几年的 20 个典型案例，按照传统众包测试经典案例、企业众包测试案例、众包测试与产教学研融合、群体智能协作测试实战案例进行分类介绍。这些案例来自企业实际测试项目，部分案例进行了适当简化。

本书可作为高校软件相关专业的教学用书，也可供软件测试人员及未来希望从事该职业的其他人员自学使用，还适合从事软件测试和众包方法研究的人员阅读参考。

◆ 主　编　杨　鹏　申玉强　赵聚雪　黄　勇　孙　庚　陈振宇
责任编辑　祝智敏
责任印制　王　郁　陈　犇
◆ 人民邮电出版社出版发行　　北京市丰台区成寿寺路 11 号
邮编　100164　　电子邮件　315@ptpress.com.cn
网址　https://www.ptpress.com.cn
三河市祥达印刷包装有限公司印刷
◆ 开本：787×1092　1/16
印张：9　　2022 年 7 月第 1 版
字数：203 千字　　2022 年 7 月河北第 1 次印刷

定价：39.80 元

读者服务热线：(010)81055256　印装质量热线：(010)81055316
反盗版热线：(010)81055315
广告经营许可证：京东市监广登字 20170147 号

前言

FOREWORD

软件定义世界，质量保障未来。在互联网时代，软件产品的生命迭代周期被急剧压缩，其功能性、可靠性、易用性、维护性和可移植性等质量特性均受到严重威胁。互联网形成了一个开放、动态、持续演化的软件运行环境，极大地扩大了软件系统的规模并增加了其复杂性，给软件质量保障带来诸多新挑战。软件测试作为保障软件质量的主要手段之一，需要新的方法论来应对上述挑战。众包是互联网环境下的创新解决方案之一。

众包是一种大规模分布式生产组织模式。互联网突破时空限制后，众包开始得到重视。自 2006 年首次明确了众包概念，企业借助互联网平台发布任务，通过经济或经验激励众包参与人员以自愿的形式分享时间、创意和知识。随后 10 余年，众包在衣、食、住、行等诸多传统行业得到成功应用，并开始在计算机领域的人机交互、数据库、自然语言处理、人工智能及信息检索等方面崭露头角。

近年来，众包开始应用于软件工程的各个环节，特别是在软件测试环节取得了初步成功。众包模式能在线招募众包工人，无须准备测试环境，而且测试速度快，其便捷性和低成本受到软件公司和个人的青睐，应用于功能测试、兼容性测试、界面测试、测试用例生成等场景。大规模在线工人参与完成测试任务，能够实现对真实应用场景和真实用户表现的良好模拟，测试效率好且成本相对较低，这些使得众包测试得到了国际学术界和工业界的广泛关注，也涌现了若干众包软件测试平台，慕测平台便是国内众包软件测试平台的代表之一。

众包测试具有高自由、高创新、低成本等优势，但由于缺少足够的测试引导信息，众包测试人员之间缺乏有效互动，这使得大量高度重复的测试过程独立存在，测试充分性难以得到保障；同时，因为专业性的差异，众包测试人员和开发者之间的沟通存在一定障碍，进而使得众包测试效率受到挑战。编者先后参与国家重点研发计划项目“信息产品及科技服务集成化众测服务平台研发与应用”和国家自然科学基金委重大项目“基于互联网群体智能的软件开发方法研究”。编者基于开源和众包等初级群体智能形态，探索大规模群体协作、迭代收敛、智能推荐、报告聚合的群体智能进阶形态；通过对众包测试理论与机制的重新设计、改进，改变传统众包测试分而不合的局面，有效汇聚独立分散的测试群体智能。在项目研究的过程中，广州番禺职业技术学院和慕测平台合作遴选系列测试案例，制订规范测试需求，不定期发布测试任务，并面向高校召集测试人员，持续开展“产教融合”研究，不断提升群体智能测试协作的效率。

编者在国家重点研发计划、国家自然科学基金、教育部和省市若干教改课题的资助下，长期坚持产教融合、协同育人，发起全国大学生软件测试大赛和 IEEE 国际软件测试大赛。本书从群体智能协作测试出现的背景与意义到传统众包测试与企业众包测试的经典案例，从众包测试与产教学研的有机融合到群体智能协作测试实战案例，为读者提供了多角度、多脉络、多层次的阐述。本书汇集慕测平台过去几年的部分典型案例，首末章节分别对群体智能协作测试的发展背景、定义、特点及其与软件测试、众包测试的关系进行了介绍与总结，其余章节则提供了丰富和有趣的真实案例，从不同角度对群体智能协作测试在工业界应用的现状进行了阐述。本书分为 6 章，具体内容如下。

第 1 章：何为“群体智能协作测试”。本章对软件测试、众包测试、群体智能协作测试这 3 个围绕软件系统开展的测试活动进行了描述，具体包括基本概念、发展历程、重要价值等方面，并对三者之间的关系进行了详细解释。

第 2 章：传统众包测试经典案例。本章选取了传统众包测试平台的一些经典实战案例，基于案例为读者描述典型的软件众包测试特性及过程。具体包括微信“搜一搜”功能众包测试、开源软件的众包测试、众包测试寻找最强 bug、如何吸引更多测试人员、众包测试对比传统测试、遵循迭代模式的众包测试等。

第 3 章：企业众包测试案例。本章基于众包测试平台与企业间的合作案例，讲述了众包测试在工业界中的运用，以及实际发挥的效果等。具体包括金拱门（中国）有限公司众包测试合作、结合华为技术有限公司的“鲲鹏”芯片开展众包测试的过程、利用众包测试对企业产品进行北斗打假的过程、众包测试平台与统信软件技术有限公司的合作、众包测试平台与南京维斯德软件有限公司的合作等。

第 4 章：众包测试与产教学研的融合。本章基于教学、科研和产业服务融合的思路，选取众包测试平台的实战案例，从案例中查看众包测试是如何实现产教学研融合的。具体包括南京软博会工业 App 软件测试比赛、全国大学生软件测试大赛等校企产教融合的案例、众包测试平台与北京大学合作研究众包工人心理与众包测试任务分派案例，以及基于贝叶斯博弈奖惩机制的众包测试研究进展等。

第 5 章：群体智能协作测试实战案例。本章对一些典型的群体智能协作测试实战案例进行了解析，对比传统众包测试与群体智能协作测试之间的异同。具体包括实时任务推荐、Fork 机制、点赞点踩机制、智能化标签体系的建立，以及如何利用人工智能技术整编缺陷报告等。

第 6 章：总结与展望。本章对群体智能协作测试在产品质量保障中的作用与地位进行了总结，并再次强调“软件定义世界，质量保障未来”

的核心观点。

本书案例均来自企业实际测试项目，部分案例进行了适当的简化，从多个角度对众包测试及群体智能协作测试的原理、发展、应用等进行了阐述，内容层次清晰，讲解生动有趣。本书建议面向两类读者群体：①从事软件测试和众包方法的研究人员，本书能够帮助他们快速理解和认识群体智能协作测试，来自工业界的实际案例则能为其学习与研究提供新的思路与动机；②来自高校的软件测试方向师生，以及企业界测试人员及管理人员，本书有助于他们接触前沿的软件测试方法论，了解一线互联网企业的测试模式和测试需求，并结合实际案例进行实践。

目录
CONTENTS

05

06

FL

01 何为『群体智能协作测试』

依托互联网打造开放共享的创新机制和创新平台已是大势所趋。在这一趋势下，企业创新模式由封闭式逐步转向开放式，再由开放式转向依托互联网的无边界模式。在开放的创新环境下，以“群体智能”为理念的众包模式得到软件测试行业的认可。企业借助互联网平台发布众包任务，激励参与者分享创意、知识和技术，通过灵活的群体参与方式实现企业创新的无边界化发展。依托群体智能环境构建与技术支撑获得的各任务结果不再相互独立。参与者的工作并非从零开始，而且能在完成任务的前提下提升能力，同时获得带来成就感与获得感。

直观上看，“群体智能协作测试”来自“众包测试”，而“众包测试”又来自“软件测试”。

从某种角度讲，从“软件测试”到“众包测试”再到“群体智能协作测试”是层层递进的关系。但在本质上，“众包测试”和“群体智能协作测试”仍然属于“软件测试”，三者都是围绕软件系统开展的测试活动。所以，要想了解何为“群体智能协作测试”，首先需要了解何为“软件测试”与“众包测试”。

本章共包含 3 节内容，从基本概念、发展历程、重要价值等方面分别对“软件测试”“众包测试”和“群体智能协作测试”进行阐述，并详细解释三者之间的关系，让读者对“软件测试”有一个基本了解，并建立起对“众包测试”和“群体智能协作测试”的认知体系。

1.1 软件测试

1. 基本概念

维基百科与百度百科中，对软件测试的经典定义是：在规定的条件下对程序进行操作，以发现程序错误，衡量软件质量，并对其是否能满足设计要求进行评估的过程。

在当代社会生产生活中，处处都离不开计算机软件系统，软件已经成为社会运转机器中的“传动零件”，驱动着我们的世界走向信息化时代。小到智能手机，大到航天发射器，软件系统已经渗透人类生活的每一个领域。但是，你是否遇到过这样的情况：网上购物付不了款，导航软件定位了错误的地址，抢票时显示有余票却无法下单，等等。产生这些情况的原因被归结为软件没有按照开发者的预期进行工作，也就是出现了失控行为。不可控的软件行为会给人们带来损失，包括时间、声誉、精力、财产损失等，甚至危及生命安全。这些可不是危言耸听，历史上有数不清的事故就是由于软件系统出现了故障所引起的。

比如 2016 年，日本天文卫星“瞳”发射升空，但由于姿态调整软件出现错误，在发射约一个月后，“瞳”彻底失去控制，成为太空碎片。这一事故中的软件系统本应按照预先设定好的需求完成工作，但在实际应用中出现了“失效”状况，人们仅从事故的后果就可以断定，其软件系统的质量存在着严重的问题。

2. 发展历程

在软件系统兴起的早期，并没有专门的“测试”概念，通常是开发人员自己负责这部分工作。他们认为，对软件进行“调试”的过程，就等同于“测试”。调试工作，也是在软件系统编码工作完成之后才开始进行的。软件系统应当保持一种可预测、持续稳定的状态。为了防止软件系统出现不可控的行为，严格把控软件系统的质量，在业界逐渐衍生出一种新的研究方向，该方向将“测试”这一过程抽离出来，由专门的职业工程师负责评估软件质量，工程师通过设计测试用例来控制软件活动以发现软件失效行为，降低失效风险，这个研究方向就是软件测试，完成该工作的职业人则被称为“软件测试工程师”。

1972 年，在美国的北卡罗来纳大学举行了第一届软件测试正式会议。这次会议的成功举办，标志着软件系统质量的旗帜开始飘扬。从此，人们认识并认可软件测试在软件生命周期中的重要性。软件测试的工程化特征决定了从业者应具备工程师的专业能力和职业素质，具有比较系统、完备的知识体系和工程能力，要达到这一目标，必须对学生全面实施工程教育，强化专业教学中的工程实践，使学生深入理解和认识工程，培养工程素养，解决工程问题。

在初期，人们通常将造成软件没有按照预期工作的事物称为 bug，所以很多人认为软件测试就是寻找 bug 的过程。当然，现在我们知道软件测试是一个庞大的质量管理体系，寻找 bug 只是整个体系中的一部分内容。随着软件系统行业的蓬勃发展，软件测试也变得越来越成熟，测试理论不断完善，测试技术也不断提高。在 1996 年，测试能力成熟度模型（Testing Capability Maturity Model，TCMM）、测试成熟度模型（Testing Maturity Model，TMM）、测试支持度模型（Testability Support Model，TSM）被提出，更是标志着人们对软件测试成熟度的高标准要求。

3. 重要价值

软件活动发展到现在，软件测试已经成为评价一个项目成熟度的关键指标。在完整的软件项目中，软件测试工程师与软件开发人员的工作同属于一项工程，其分工负责所实现的目标主要包括以下几个方面：评估软件需求、设计等的合规性；检验软件功能是否与预期一致；寻找失效原因，降低失效风险；确认是否出现了不相干的功能；为利益相关方提供信息以允许其判定决策。现代化的软件测试体系全面且成熟，体现在软件质量度量、质量控制和缺陷预防等方面。作为全流程软件生命周期中的质量“守门员”，正是因为软件测试为整个软件项目保驾护航，“球门”才守得固若金汤。

1.2 众包测试

众包，是指利用群体的力量来完成大规模耗时任务的模式，是一种分布式解决方案，也是数字经济背景下的新兴趋势。众包的中心思想与当下的“共享经济”相似，即通过少量的成本消耗，跨越不同的限制和壁垒，以获取高效率的进程与高质量的结果。

随着社会与软件行业的发展，软件系统的规模越来越大，数据量越来越多，逻辑越来越复杂，开展测试活动也需要消耗更多的时间、费用等成本。为此，不少专家学者开始探寻软件测试的变革。有人提出将众包模式应用到软件测试中去，由大众共同完成软件测试活动，这一尝试迅速得到了广大从业者的认可，并逐渐传播开来。后来，人们便将其称为“众包测试”。“众包测试”是众包思想与软件测试工程融合的产物，“众包”指将软件测试项目以任务的形式非定向分包给大型受众，通常这些受众被称为众包工人。“众包测试”也可简称为“众测”，人们对它的定义通常归纳为：以远程在线离岸的模式，汇聚大众智慧，解决项目测试需求。

众包不等同于外包。外包缺乏核心竞争力，是简单的表层业务转移；而众包能储备智慧资产，提高项目核心竞争力。业内普遍认可，众包测试体系由发包方、接包方和众包测试平台 3 个部分组成。发包方是具有测试需求的一方（多为企业），它们负责提供具体需求；接包方是众包工人，他们利用自己的技能与时间，获取经济利益；众包测试平台是在线门户的提供者，它们提供测试平台与媒介服务，连接发包方与接包方。

众包测试很大的一个优势就是参与人员基数大，通常都是以社会公开形式招募众包工人。众包工人无地域限制，测试环境真实且丰富，拥有多种多样的测试工具。这样的优势，使得一些测试项目中公认的难题得以解决，比如移动应用测试中需要的大规模设备、碎片化的设备型号、多样化的操作系统，以及五花八门的测试场景等。

在这些众包工人当中，包括专业的人员与非专业的人员。作为测试项目的主力，具备专业知识的众包工人更加熟悉测试理论与技能，往往能贡献70%～80%的测试成果。允许非专业的众包工人参与测试的原因是这类群体符合软件最终用户群的特征，更容易暴露出在用户视角下软件系统存在的问题，这一点类似于 Beta 测试。从测试的结果来看，非专业的众包工人发现的往往是一些由非常规但又合情合理的操作引起、非常有价值的问题。两种不同类型的、大规模的众包工人可以保障项目快速完成，缩短项目时间，降低项目风险。

众包测试主要以功能测试为主，同时也覆盖易用性、维护性、兼容性、UI 测试、软件适配、用户体验等方面的内容。在实际的众包测试项目中，也可能存在性能、安全等方面的测试需求。这类需求对众包工人的软件测试技术有一定的要求，众包工人根据自身的技能水平，主动接收自己擅长的项目，共同挖掘软件功能、性能、安全等多方面的失效症状。

众包测试具有时空属性。由于分包大众的物理位置随机分散，时区随空间变动，产生紧密相关的数据，故有益于电子地图、灾害预警、天气数据采集等相关软件测试。由时间、空间延伸展开，分包大众所处的网络环境、基础软件甚至是个人操作习惯，也都千差万别。测试环境与真实生产环境高度相似，测试场景贴合企业需求。与传统软件测试相比，众包测试具有参与人员更充足、投入产出比更轻量、测试覆盖场景更广泛、版本迭代更迅速、灵活度更高、测试充分度更饱和等优点。在近些年的实践中，逐步建立起了完整的众包测试模型，众包测试的效果也得到了检验。在后面的章节中，我们将以具体的案例，为大家展示众包测试项目的测试过程。

1.3 群体智能协作测试

众包测试模型的建立，得益于众包思想的融入，弥补了传统软件测试的不足。不过，随着软件行业的持续发展，众包测试模型的一些问题也逐渐浮出了水面。下面归纳了众包测试的部分问题。

- 众包工人由于地域隔绝，导致沟通缺失，不能形成有效的协作。
- 缺陷报告数量过多，导致收敛成本剧增。
- 重复、无效报告数据，影响报告质量。
- 众包工人对测试对象存在陌生感，把控需求的能力较弱。
- 众包测试平台无法严格管控工人行为，故工人积极性由单方面确定。

以第 2 条为例，缺陷报告存在处理难度加大的问题是最为明显的。在最初，IT 行业还处于发展萌芽阶段，软件大多具有功能单一、结构简单的特点；即便软件存在一些缺陷，众包工人所输出的缺陷数据量也在合理范围内，整体可控。而如今，互联网连接整个世界，软件的功能性与复杂度已经上升到新的阶段，数据集结构多样且复杂，这使得软件出现缺陷的概率大幅增加。另外，近些年，随着大家对众包测试的认可度逐渐上升，使得众包工人的数量持续增长，这也成为软件缺陷数据量进一步增加的因素。上述诸多因素导致众包测试所输出的缺陷报告数量早已不像以前那样简单稀少，增加了缺陷报告收敛的难度。

缺陷报告收敛阶段是众包测试的重要环节之一，平台专家要逐一审核所有的报告是否有效，并剔除无效数据。面对海量报告数据，专家的工作量非常之大，审核成本也随之递增。平台变得逐渐臃肿化，且其交付质量也相应下滑。其余的问题我们在此就不一一展开，总之，众包测试的发展受到了阻滞，亟须一种新的模型出现。

自然界中，蜂群或蚁群等社会性昆虫群体中存在一种自相矛盾的现象：单个蜜蜂或蚂蚁的智力有限，基础行为方式是随机游走，而一群蜜蜂或蚂蚁则能够抱团建起庞大且复杂的巢穴，这些巢穴具有合理的结构、有效的通风措施、便利的物资运输通道等，令人称奇。这种现象，被称为“群体智能”。

从“群体智能”中，我们可以看到，群体间的协作将劳动成果扩大化。群体的数量具备可伸缩性，既然群体智能的作用如此之大，那么能否将众包测试与群体智能相结合，将众包工人集合在一起的同时，实施有效的协作呢？答案是肯定的。在经过一系列研究之后，“群体智能协作测试”模型应运而生，我们也可以简称它为“群智”模型。该模型实际上是众包测试的进阶版，以众包测试为基底，上层引入新型理论与技术，提升智能化水平。

“群体智能协作测试”模型面向特定的问题，基于“探索”“融合”“反馈”活动形成一条循环回路。“探索”是指每一位众包工人开展探索性测试，并提交有价值的数据信息；“融合”是将同类型的片段式的数据信息进行集成，组合为完整的信息集；“反馈”则通过融合结果反向刺激工人优化数据信息。通常，这样的回路在迭代多次之后就可以获得预期的目标。

譬如，以“智能化报告收敛”代替“传统手工收敛”能最大化解放平台专家，提高报告收敛效率。平台的最终目的是获得完整的报告，众包工人协作完成一份报告即可满足平台的要求。独立的工作机制使得众包工人关注点发散，不能聚焦到同一内容。改独立为协作，则可减少重复性缺陷报告，完善报告内容。

“改独立为协作”的模式，是群体智能协作测试的重要部分。群体协作所产生的效果绝不是个体智能的简单累加，而是群体间由点及面的散发性智能汇聚。但是，并不是说，众包测试和群体智能协作测试是两个完全不同的东西，只是后者是前者的升级改进，其理念与本质仍然与众包测试一致，且是不可脱离众包测试的。换句话说，众包测试与群体智能协作测试都隶属于软件测试，是软件测试的两个分支。本书中的案例内容，就是让“众包测试”与“群体智能协作测试”共存，以便从不同的角度进行剖析。

本章小结

本章主要讨论“软件测试”“众包测试”“群体智能协作测试”三者的概念、发展历程及它们之间的关系等。

软件测试作为软件系统生产链条上的重要环节，负责检查软件产品是否符合软件设计的需求，在特定条件下测试软件系统，核验软件中是否存在缺陷，避免潜在的危险因素等，是一项标准的系统工程。在完整的软件开发生命周期中，软件测试工程师承担着重要的责任，通过严格把控软件产出标准，保障软件系统正常上线运转。

众包测试衍生于软件测试，是软件生产发展道路上的新兴产物，解决了传统软件测试发展的瓶颈，通过线上招募大规模的众包工人，将软件测试项目拆解分发给众包工人，从而快速高质量地完成测试任务。众包测试拥有一系列的优势，譬如参与人员多、测试资源丰富、测试环境贴近真实等。该测试模型的出现，在特定的背景下为软件测试做出了贡献。

群体智能协作测试衍生于众包测试，是众包测试的升级版本。它是基于最初的众包测试模型的创新，因此，群体智能协作测试模式既继承了众包测试的优点，又新创出独树一帜的特性。这些特性弥补了众包测试的不足，将独立的众包工人个体组织成一个真正的团队，将大众的智慧凝聚，使其“活”起来。“群体”“智能”“协作”3 种要素有机地结合起来，有效提升软件质量。

02 传统众包测试经典案例

“众包测试”模式自诞生以来，迅速受到了软件测试从业者广泛的关注，并逐渐运用到软件系统的测试项目中。与传统的软件测试相比，众包测试拥有着诸多独立特性，譬如参与人员众多、测试场景丰富等。这些有利的特性实际上是对传统软件测试工作的一种补充与升级，也由此保障了软件测试工作能更加高质量、高效地完成。

众包测试作为一种新兴的软件测试手段，具有传统测试技术所不具备的优势，但同时也对传统的测试技术提出了新的挑战。现有的众包测试技术对协作式众包领域的理论及实践研究尚不成体系，特别是在测试报告融合与分析领域。已有的企业调研和问卷调查结果均显示，众包测试平台对众包测试人员的有效引导及众包测试实时情况的反馈都会直接影响众包测试的质量。

本章选取了众包测试平台的部分经典实战案例，基于案例为读者描述典型的软件众包测试特性及实施过程。同时，为了区分于群体智能协作测试，我们在本章中将众包测试统称为"传统众包测试"。

- 在案例 1 中，讲述了微信利用传统众包测试招募大规模众包工人完成"搜一搜"功能的测试。
- 在案例 2 中，讲述了开源软件与传统众包测试的关系，以及如何对开源软件开展众包测试。
- 在案例 3 中，结合软件缺陷，探索了传统众包测试中测试深度的问题。
- 在案例 4 中，讲述了传统众包测试平台与众包工人之间的合作共赢关系。
- 在案例 5 中，结合软件测试的基本原则，讲述传统众包测试如何消除杀虫剂悖论。
- 在案例 6 中，结合软件开发生存周期模型，阐述了传统众包测试同样需要遵循回归测试。

案例 1 微信搜一搜：人海大战

众包思想自应用到软件测试领域以来，就凸显出其独特的优势与魅力。众包框架之下的诸多价值链中，"大规模众包工人"最为引人注目，一个"众"字，代表了其首要的特征，很多软件项目正是青睐于"众"字才采用传统众包测试模式的。

究其原因，与传统软件测试中工程师人数较少、导致遗漏缺陷有关。

开展软件测试活动的目的之一就是找寻软件存在的缺陷，避免出现不可控的行为。软件存在的缺陷分门别类，有浮于表面的轻微缺陷，也有暗藏深处的逻辑缺陷，测试准则要求在发布前尽可能多地发现这些已经存在或潜在的缺陷。在传统软件测试项目中，往往无法投入大量的人力去做这些测试，因为这将会消耗一定的成本。

"人海战术"有时候是解决软件质量问题最有效的方式。在我们组织的一系列众包测试项目中，针对微信"搜一搜"的测试案例就是典型的取"众"之所长。下面进行详细分析。

微信是腾讯旗下的一款跨平台通信工具，"搜一搜"是内嵌在微信中的多生态搜索引擎产品，如图 2-1 所示。相信大家对它并不陌生，因为它的使用群体实在是太庞大了，最新的微信数据报告显示，微信月活账户数已经超过了 11.5 亿。如此体量的用户，给"搜一搜"这款搜索引擎产品带来了巨大的市场，同时也带来了巨大的挑战，毕竟照顾好 10 亿级别的用户可不是那么容易的事。

所谓"秀才不出门，便知天下事"，搜索引擎可是为"秀才"帮了大忙。通过搜索引擎，人们可以查询到外界的各种新鲜事儿。人类进入现代文明阶段后，个体对知识的储备以及对热点时事信息的响应速度，有了更高的要求，甚至还附加了一些社交属性，越来越多的人通过搜集和整理信息等手段给自己充电，也提升自己的社交吸引力。

但是，随着全球互联网的高速发展，互联网数据以指数级的速度爆炸式增长，长期累积下来的数据量已经是天文数字了。所以，用户经常会发现，在搜索某个信息的时候，推送出来的内容往往不是你想要的，或者是几年前的内容，又或者是某位并不专业的网友发出来的“垃圾”内容等。

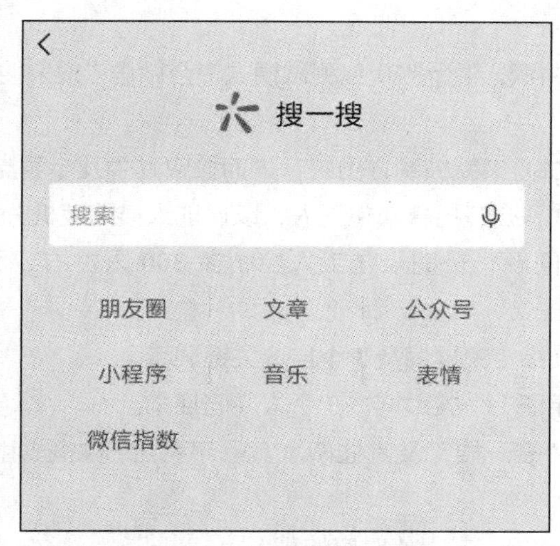

图 2-1 “搜一搜”入口页面

因此，对微信“搜一搜”来说，通过简短的关键词，在汹涌澎湃的数据洪流中为用户展现出最精准的内容，确实是一件非常困难的事。再加上搜索引擎领域内，已经有“百度”“搜狗”等业界翘楚，“搜一搜”面临着高强度的市场竞争压力。微信方面也意识到这样的问题，它们希望能够最大化地感知用户搜索结果与搜索体验满意度，从大量真实的用户数据中优化算法模型，在搜索引擎领域打造品牌的信任度与美誉度。

本节前面提及了测试工程师数量少的问题，在企业内部，测试工作往往是由几个专职测试工程师来完成的，这样的人员数量只能保证产品基础功能符合预期需求，无法解决感知用户的问题。采用“人海战术”，能得到更多的、可供分析的数据，引擎算法的优化也会有“据”可依。所以，微信方面将目光转向了众包测试。众包测试强调“众”，在测试人员的数量方面，有着很大的优势，与微信的需求高度匹配，无疑是最适合“搜一搜”的测试模式。

在确定好测试模式之后，与谁合作成了微信要考虑的问题。

2019 年 10 月的某一天，在广州微信总部 TIT 创意园，微信测试负责人办公室内。

“邓总，听说今年的全国大学生软件测试大赛在广州举行”，一名年轻人对着领导说道。

“嗯，我也听说了，怎么啦？”领导抬起头，问道。

“我听说这次比赛还组织了众包测试，我们最近不是正在找众包测试平台合作嘛。”

“哦？这我倒是不知道，你马上去调研一下这个平台。”领导放下手中的笔，敦促道。

几天后，一沓资料放在了领导的办公桌上。

承办这次比赛的平台在众测领域沉浸多年，凭借着独特的科研优势，积累了丰富的众包测试经验和数以万计的众包工人。这引起了微信测试负责人极大的兴趣。

2019 年 11 月，微信方面联系到此平台，双方在广州微信总部 TIT 创意园正式开启第一轮合作商讨会议。在会议中，双方互相交流了意见，微信方面了解了平台在众包测试方面的开展模式，平台听取了微信方对“搜一搜”的测试需求，并一起探讨了搜索引擎测试的痛点。

此次双方达成了合作共识，平台的众包测试模式符合微信“搜一搜”的测试需求，众包测试进入筹备阶段。

很快，详细的众包测试方案就被制订出来，下面摘取其中几个要点。

- 以任务报名的形式，公开招募众包工人，以保证人员的随机分散性。
- 考虑到数据量的问题，一期众包工人控制在 300 人左右，测试时间控制在 48 小时内。
- 每位工人分配 7 个指定关键词及 3 个自选关键词。
- 实行交叉测试，保证 1 个关键词被 3 个人共同搜索。
- 每人需要在微信“搜一搜”及其他两家竞品平台进行关键词搜索，且必须在移动端操作。
- 查阅前 10 条搜索结果，并上传对应的截图。
- 从相关性、权威性、时效性、地域性、有效性 5 个维度对结果进行评分，并给出评价。
- 工人提交的报告数据由平台负责收敛，并输出到微信方供分析。
- 根据众包工人的有效工作量，按时薪发放报酬。

完整的方案得到了微信方的认同，并迅速落实。2019 年 12 月 10 日，众包测试平台发布招募通知，仅 4 天时间就报名 315 人，12 月 14 日上午 9 点，任务正式开始。

下面我们来看一下众包工人在众包测试任务中要做哪些事情。

第一步，众包工人在移动端完成关键词的“搜一搜”任务，记录搜索结果，保存结果图片，从给出的相关性、权威性、时效性等 5 个维度对搜索结果进行评价，找出缺陷，并得出自己的测试结论，这个过程就是众包工人的测试过程。

第二步，众包工人在众包测试平台上填写该关键词的搜索结果评估报告。填写众包测试的报告可参考图 2-2 所示的格式，图中的关键词是“明日天气”，众包工人在“搜索引擎”下拉框中选择对应的引擎（微信搜一搜、其他竞品平台），在“结果评分”下拉框中选择相应的分数，在“结果评价”文本框内填写对前 10 条搜索结果的评价，最后上传前 10 条结果的内容截图。这样，一个关键词的搜索报告就提交好了。工人需要按照这样的方式完成全部关键词的搜索任务。

12 月 16 日上午 9 点，任务准时结束，开始进入专家审核阶段。这个阶段是平台专家对众包工人提交的数据进行审核，因为众包工人提交的数据并非全部都是正确的。审核结果显示，该次任务实际参与人数合计 287 人，收集到 2371 个有效关键词，6749 份有效评估报告，所有的数据均在预期范围内。审核结束后，报告被交付到微信方进行分析。加上报告中的大量图片，整个报告有 14.4GB 之大，真的是一份沉甸甸的成果！图 2-3 所示的示例是审核通过后交付到微信方的一份合格的评估报告，每个关键词对应的搜索结果截图也都展示在此处，总交付报告就是由 6749 份这样的评估报告组成的。

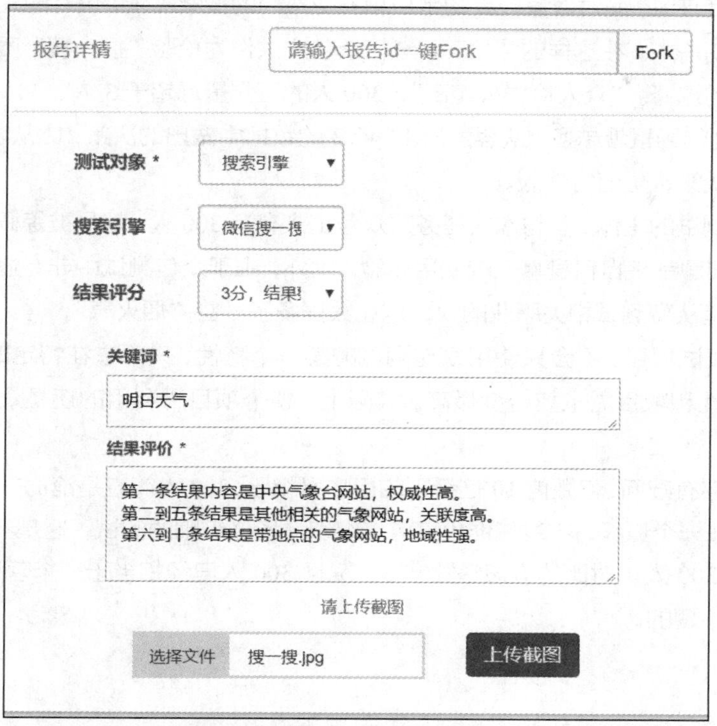

报告详情
请输入报告id一键Fork
Fork
测试对象 *
搜索引擎
搜索引擎
微信搜一搜
结果评分
3分，结果
关键词 *
明日天气
结果评价 *
第一条结果内容是中央气象台网站，权威性高。
第二到五条结果是其他相关的气象网站，关联度高。
第六到十条结果是带地点的气象网站，地域性强。
请上传截图
选择文件
搜一搜.jpg
上传截图

图 2-2　搜索结果评估报告

Admin
搜索引擎众测
搜索引擎众测
姓名
关键词个数
总分
报告详情
褚嘉琦
69
680
评审得分
搜索引擎
关键词
选手评价内容
选手评分
图片
10
微信搜一搜
走路赚钱哪个App好
总体来说搜索结果都很好，搜索结果与"走路赚钱哪个App好"匹配程度高，搜索结果满足大部分人的搜索结果，都是关于App的下载或者关于这个话题的回答。时效性一般，只有几条是最近的（第二条、第三条、第四条、第五条、第七条），有几条几年前的文章。第一条权威性较高，搜索结果来自官方。
3分,结果整体都很好

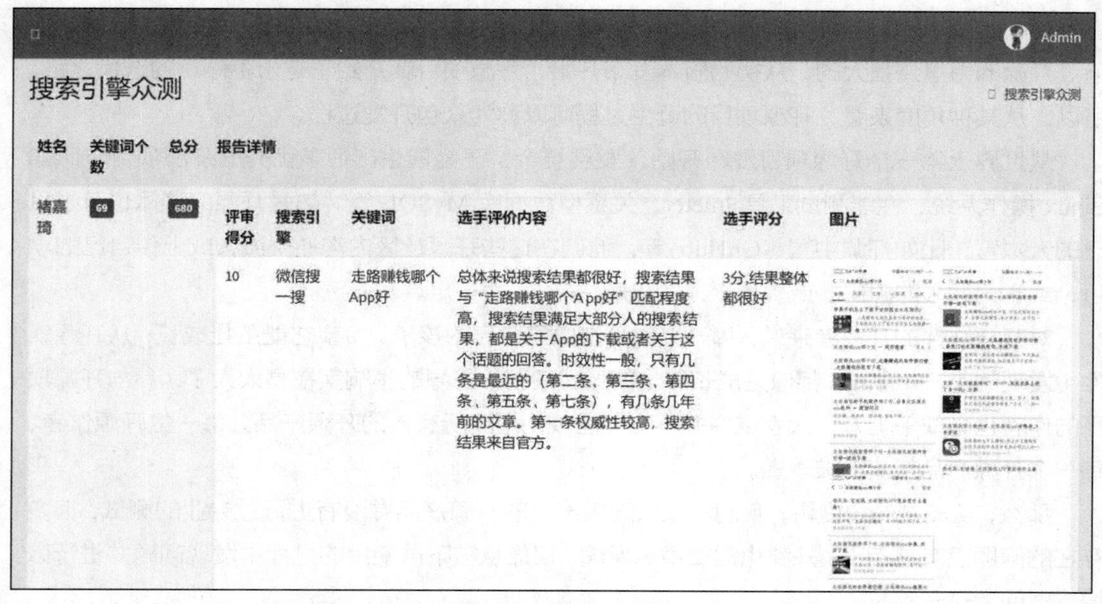

图 2-3　审核交付报告

最后，我们来分析总结。

在平时，“人海战术”好像是略显笨拙的策略，但在这次的众包测试项目中，却恰好需要一支众包工人组成的“人海”队伍。

从微信的角度来看，面对数量庞大的用户和五花八门的搜索需求，仅有的几名内部测试人员难以满足项目的需求。在这样的背景下，选择众包测试作为检验“搜一搜”质量的解决方案是一个非常明智的选择。“众人拾柴火焰高”，300 人的工作量远超于 3 人、30 人，人员越多，数据越多，覆盖到的场景就越多。从容量为 14.4GB 的数据中做出的决策，比从容量为 14.4MB 的数据中做出的决策，更值得信服。

众包工人是测试的主体，参与本次任务的众包工人有近 300 人，都是被等概率随机抽样来的，他们提出的问题都来自自身真实的使用体验。此外，由于众包测试中非专业工人的兼容策略，他们并非都是从事测试相关职业的人，这让数据多了一些“烟火气”。

当然，一个测试项目，不会只使用众包测试的某一个特性，只不过在特定的项目背景下，所利用的这一特性和项目需求契合度最高。实际上，整个项目所利用的还是众包测试的整体优势。

也许大家会存有疑问，和微信 10 亿级别的用户量相比，300 人简直是沧海一粟。是的，“百”和“亿”确实不在一个量级，不过任谁也不可能组织一场亿级别的测试，这是不现实、也是不合理的。这里的 300 人，对比的应该是数字 3，况且 300 人已经相当于一个营级建制了，“战斗力”可是不容小觑的。

案例 2 致敬开源牧码人

开源，源于“开放源代码”，在源码界也是“奉献”的代名词，免费、开放是它的核心价值。开源的力量是强大的，从初始版本发布开始，开源项目就开始了它永不停息的迭代之路。所以，从某种角度来看，开源项目的诞生过程可以称为众包开发过程。

从世界上第一个开源项目发布开始，发展至今，已经催生出很多优秀的开源项目，比如 Linux 操作系统、性能测试工具 Jmeter、关系型数据库 MySQL 等。热爱开源的群体也有了自己的大本营，比如开源中国、GitHub 等，他们在这些开源社区内沟通交流，或上传自己的项目，或学习他人的源码，或提出个人的见解，“码”力十足。

对开源软件的开发者来说，每一个作品都像是自己的孩子，希望它能茁壮成长；从开源软件中发现的每一个 bug，都像是成长路上的风风雨雨。开源的影响实在是太大了，参与开源项目的作者也是成千上万，大家或许并不能关注或使用到所有人的开源产品。每一位开源作者、每一个开源产品都值得被尊重。

那么，从测试的角度讲，我们可以认为大部分的开源产品并没有进行过专业的测试，很多存在的问题没有被指出。开源也需要质量保障，仅靠从被下载使用的过程中发现问题并进行修缮，时间太过于漫长。

我们也一直在关注开源及开源测试的研究。在平时，除了给企业提供众包测试解决方案外，我们也会定期推出一些众包测试任务，推广众包测试的理念与模式。在推出的一系列众包测试任务中，除了与外部企业进行合作，还会选择一部分开源软件作为被测试的对象，以“测试开源软件”的形式致敬“开源牧码人”。

这里以 2020 年 5 月的众包测试任务为例进行解析。

每个月举办一次线上众测任务是平台雷打不动的工作。2020 年 5 月，在经过商议之后，最终确定了本月众测任务以“移动应用开源众测”为主题。相较于成熟的商业软件，开源软件更加的“年轻”，同时身上的瑕疵会更多一点。从众测任务角度看，丰富的 bug 更考验众包工人的测试水平。所以，开源软件是非常适合作为非营利众测任务的。除了非营利，固定任务还会发放奖金、奖品、证书等，与“开源”的奉献精神有着异曲同工之处。

在一场众测任务的组织中，任务主题的确定需要占用 50%的时间与精力。前期，在选择被测试的开源软件时，出题组遍访开源社区，筛选了大量的安卓 App，从安装到试用，抛除存在体积过大、系统不稳定、兼容性差等问题的 App，最终确定了 GudongTranslate 和 Odyssey 两款。如图 2-4 所示，左图为 GudongTranslate 图标，右图为 Odyssey 图标。

图 2-4　App 图标

对两款 App 进行页面结构分解之后，任务加密归档。

5 月 15 日，我们正式在平台公众号发布招募通知。值得一提的是，由于我们面向的群体偏向高校师生，年龄整体偏向年轻化，所以在每次发布通知的时候，都会尽可能去变换主题形式，使之更贴合群体的年龄段，吸引更多的人员报名，帮助他们了解更多的测试知识。比如这一次就采用了比较有趣的通知方式，即模仿企业中的提测邮件，将任务要求按测试需求点进行展示，邮件以图片的形式嵌入通知中，如图 2-5 所示。

报名成功之后、任务正式开始之前，选手还会拿到一些资料，如《测试用例设计标准文档》《bug 报告书写标准规范》《bug 报告评分规则》等，这些资料是公开的，在任务开始前公布这些资料也是希望大家能够熟知规范，严格要求自己的测试过程。对于像被测 App 及对应的需求文档等，则是在任务正式开始后公布。

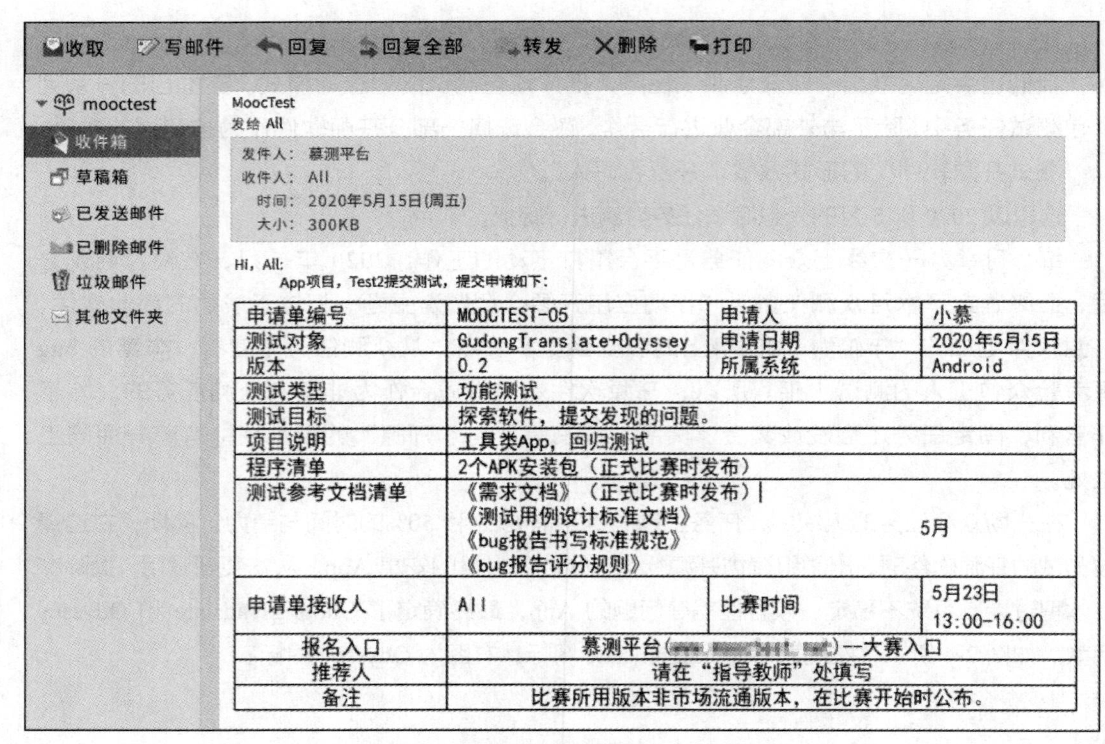

MoocTest
发给 All

发件人：慕测平台
收件人：All
时间：2020年5月15日(周五)
大小：300KB

Hi，All:
App项目，Test2提交测试，提交申请如下：

申请单编号	MOOCTEST-05	申请人	小慕
测试对象	GudongTranslate+Odyssey	申请日期	2020年5月15日
版本	0.2	所属系统	Android
测试类型	功能测试		
测试目标	探索软件，提交发现的问题。		
项目说明	工具类App，回归测试		
程序清单	2个APK安装包（正式比赛时发布）		
测试参考文档清单	《需求文档》（正式比赛时发布） 《测试用例设计标准文档》 《bug报告书写标准规范》 《bug报告评分规则》		5月
申请单接收人	All	比赛时间	5月23日 13:00-16:00
报名入口	慕测平台（）——大赛入口		
推荐人	请在“指导教师”处填写		
备注	比赛所用版本非市场流通版本，在比赛开始时公布。		

图 2-5　提测邮件

经过一周的招募，共有 267 名选手报名成功。

5 月 23 日 13 点，任务解密。这时候，报名成功的选手已经有权限查看任务了，选手视角如图 2-6 所示。选手需要单击任务内的链接下载 App 安装包和测试需求文档，按测试需求完成本次众测任务。

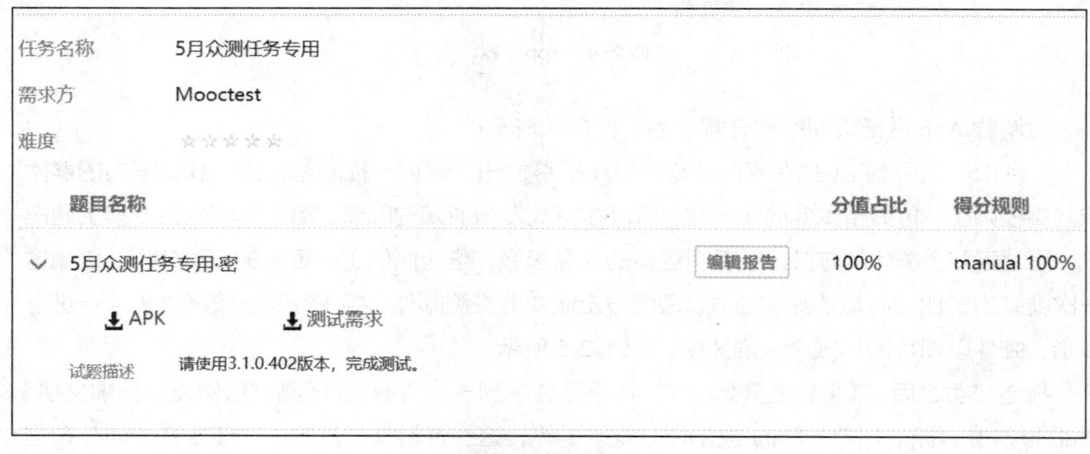

图 2-6　选手视角

历时 3 个小时，148 名选手成功提交了自己的答卷。随后，评审专家开始对选手提交的 bug 报告进行审核。

作为一场具有竞争属性的测试任务，一定有表现优秀与普通的选手，审核bug报告并打分，是众测平台常用的方式。

对偏功能性的众包测试来说，专家评审的是bug报告，而每一份bug报告的表达方式、语言习惯等都是不尽相同的，这就会或多或少地导致评审专家掺杂主观的意识。为此，我们制订了严格的评审规范，力求做到评审打的每一分都有据可依，将其主观性降到最小。评分规则是透明公开的，如图2-7所示。每个bug满分10分，遵循得分点进行打分，按照每个人的得分总和进行排名。

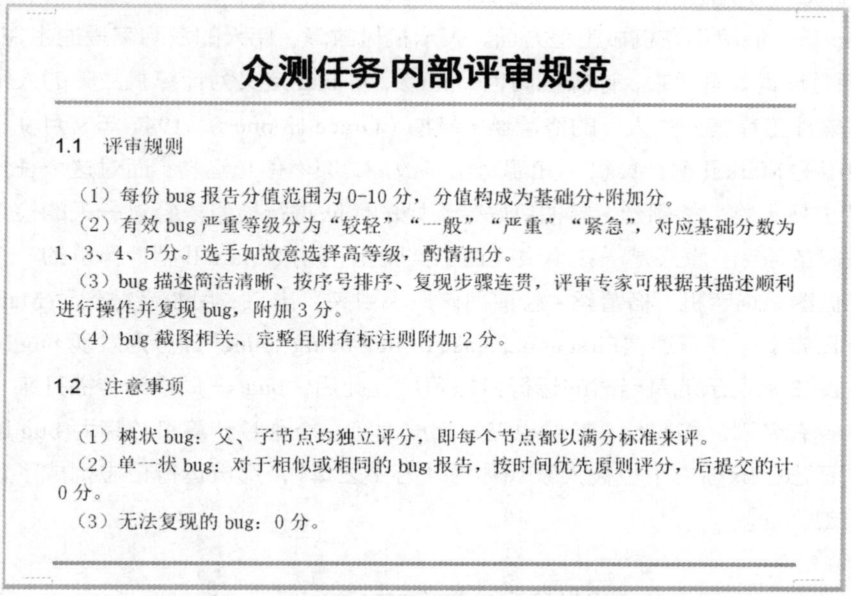

众测任务内部评审规范

1.1 评审规则

（1）每份bug报告分值范围为0-10分，分值构成为基础分+附加分。

（2）有效bug严重等级分为“较轻”“一般”“严重”“紧急”，对应基础分数为1、3、4、5分。选手如故意选择高等级，酌情扣分。

（3）bug描述简洁清晰、按序号排序、复现步骤连贯，评审专家可根据其描述顺利进行操作并复现bug，附加3分。

（4）bug截图相关、完整且附有标注则附加2分。

1.2 注意事项

（1）树状bug：父、子节点均独立评分，即每个节点都以满分标准来评。

（2）单一状bug：对于相似或相同的bug报告，按时间优先原则评分，后提交的计0分。

（3）无法复现的bug：0分。

图2-7 众包任务内部评审规范

此外，众包测试任务还有难以避免的一点，即“人多bug少”，这就会出现同一个bug被多个人发现并提交的情况。针对这种情况，评审专家将按照时间优先原则，对后提交的做低分处理，以实现最大化的公平公正。

最终的任务成绩在平台官网公布，同时包括获奖名单、参考答案等。

至此，一场完整的众包测试任务就结束了。

回顾每一场众测任务，我们会发现，众包测试的特点广泛且明显。它具有敏捷、高效等优点，可以在短短几个小时内完成一款软件的测试，并且发现软件的大部分缺陷。相比较于传统的软件测试，众包测试在时间成本上的优势就格外突出。无论是开源产品，还是迭代频繁的互联网软件产品，都非常适用于众包测试模式。

当然，针对开源软件举行的测试任务没有任何营利目的，只是为了向伟大的开源思想致敬。正是有了开源的力量，才构建出多样化的源码世界。最后，也要感谢这两款开源软件的作者。在未来，致敬“开源牧码人”的众测任务会更多地出现在大家的面前，感兴趣的读者也可以参与，感受众包测试的魅力。

案例 3 最强 bug

在本章案例 2 中，我们提到了一个英文单词“bug”。“bug”在英文中的意思是“小虫、臭虫”，后来被引用到计算机领域，代表软件当中的缺陷。对软件从业者来说，bug 就像是早上六七点的闹钟，无论你怎么讨厌它，它都会按时到来。

不过，你知道世界上第一个 bug 是怎么来的吗？

“bug”一词，最早用在机械工程方面，表示机械故障，伟大的发明家爱迪生在 19 世纪 70 年代提到过该词。再后来，计算机问世，而最早将 bug 定义为计算机故障的人则是被誉为“计算机软件工程第一夫人”的格蕾丝 • 赫柏（Grace Hopper）。1947 年 9 月 9 日，格蕾丝 • 赫柏使用的 Mark II 型计算机不知哪里出了故障，突然停止运转，面对这个长约 16 米、高 2.5 米的庞然大物，格蕾丝 • 赫柏只好带着她的团队进行检修。经过一天的检查，她终于找到了故障的原因。原来是一只小虫飞进了实验室，闯入 Mark II 型计算机的一个继电器里，造成了机器短路宕机。格蕾丝 • 赫柏把这只小虫夹了出来，用胶带粘到了 Mark II 型计算机的运行日志上，并写道“First actual case of bug being found”，意为发现 bug 的第一个实际案例，图 2-8 所示就是当时的运行日志照片。此后，bug 一词逐渐传播开来，成为计算机故障的专有名词。格蕾丝 • 赫柏也无意间成为第一个称呼计算机故障为 bug 的人，而那只被粘到日志上的小虫子也被大家戏称为“万虫之母”，那份运行日志则成了世界上第一份 bug 报告。

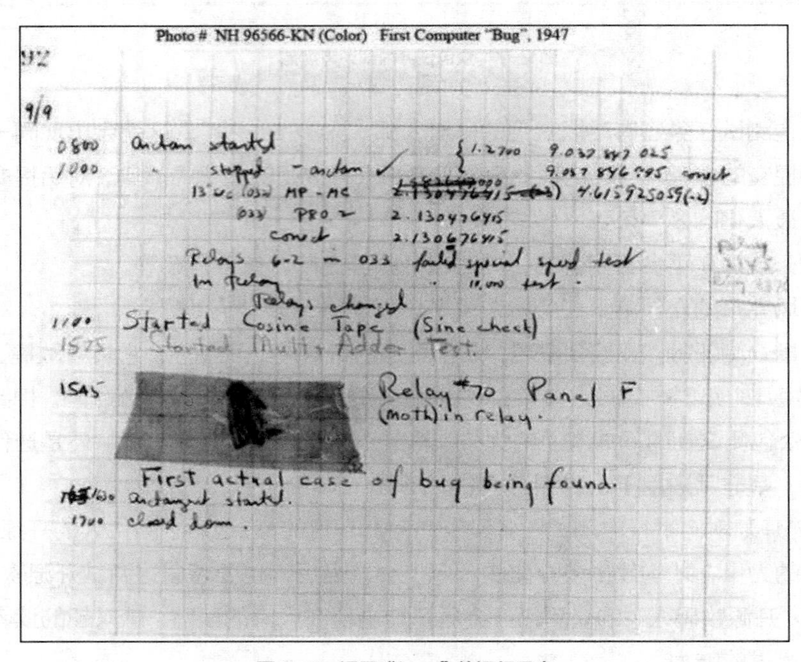

图 2-8 记录“bug”的运行日志

软件开发工程师与软件测试工程师是接触计算机软件 bug 最多的人，一个负责“制造” bug，一个负责发现 bug。两个不同的工种偶尔也会因为 bug 吵得不可开交，这样的情况经常出现在办公室内：一方认为是 bug，另一方却认为是 Feature（特性）。

有一次，在一场众测缺陷报告评审会议上，两位评审专家因为某人提交的一个 bug 产生了分歧。这个 bug 是这样描述的：日常的图片大多以矩形呈现，但用户在上传头像图片时，系统强制做裁圆处理，对图片造成了不当的切割。

其中一位专家的研究方向是软件测试，用户思维强烈，他认为强制对用户的图片做裁圆处理是软件的一个缺陷。首先，系统并没有给用户自主选择的权利；其次，存在用户图片被不完整切割的情况，所以，他认为这是一个 bug。而另一位专家是从事软件开发工作的，他则认为，头像圆形化是近几年业界的普遍做法，相较于传统的方形头像，圆形头像与页面其他元素的布局更符合 UI 的审美，也更易被用户所接受。

两位专家越辩越激动，笔者赶紧做起了“和事佬”。

“这个 bug 呢，应该分两种情况考虑。圆形头像在近几年确实很流行，这也是发展的趋势，存在即合理，每一款软件都有特定的场景、特定的人群，只要更贴合用户的喜好，圆形头像的设计就是合理的。就好比某款射击类游戏中的平底锅道具可以挡子弹，原本就是一个 bug，后来因为玩家喜欢就被保留了下来，成了 Feature。从这个角度看，‘图片裁圆’不是 bug，而是 Feature。”

“不对，如果你是用户，你上传的图片，被切割得不成样子，你会满意吗？”，那位测试专家对笔者喊道。

“别着急，这正是我接下来要说的第二种情况”，笔者边说边示意他坐下，“从这个案例来看，我们刚刚也做了测试，当某张图片的内容元素较为丰富时，确实会裁剪到边缘处的内容。如果被裁剪的内容影响到整张图片的效果，是会给用户带来不小的烦恼。那么从这个角度看，没有处理好图片的裁剪细节，可以认为它是一个 bug。”

“对，这不仅是一个 bug，而且还是一个好 bug。”一看笔者站到了他这边，那位做软件测试的专家哈哈大笑。

“当然是好 bug 了，能让两位专家辩论这么久的，应该叫‘最强 bug’。”

软件测试专家摇摇头，“最强倒不至于，前前后后得有 100 多场众包测试项目了吧，众包工人一定在其他的众包测试项目中提出来更好的 bug，要不正好趁这个机会把以前的 bug 报告梳理一遍，选出一个最强的 bug。”

“那么多份 bug 报告，我得梳理到猴年马月了，我可不干。”笔者摊摊双手表示了无奈，与会专家哈哈一笑，继续进行后面的评审工作。

这个小插曲，大家都没有放到心上，但笔者陷入了深思。在平时的工作中，bug 只会被分为有效和无效两种状态，当 bug 被分为有效时，大家便不会再为有效的 bug 细分排名。但实际上，bug 确实有着不同的严重等级，严重等级高意味着对软件的破坏性强。如果在测试阶段没有发现，那么带着这种 bug 上线的软件就好比埋藏了一颗定时炸弹，要知道，上线之后再去修复 bug 的成本将会增加许多，所以及时、准确、全面地发现 bug 显得尤为重要，这非常考验一名测试工程师的业务水平。但在实际工作中，往往会出现漏测、错测的现象，进而导致生产事故的发生。估计那些“偷渡”成功的bug，一定在这样想：终于躲过了天罗地网，我就是那个最强的bug！。

出现上述问题的原因，归根究底，还是因为测试用例覆盖不全面。联想到众包测试，它具有参与人数多，群体思维角度广，用例覆盖度高等优点，正好弥补了传统软件测试的不足，可以大大提高bug的发现概率。于是，我们决定组织一场以“最强bug”为主题的众包测试比赛，探寻“最强bug”的奥秘。

在准备比赛的过程中，我们也遇到了许多问题。

“最强”的标准是首次定义，没有可供参考的资料，但这个标准一定要让所有参赛者都认可，毕竟从常规角度讲，bug是“坏”的，要在“坏”里面挑一个“坏透”的，一定要从多方面衡量。

经过团队探讨之后，最终决定从bug的属性入手。一个bug通常有几个主要的属性，例如缺陷类型、优先级、重要性和隐藏层级。功能性bug肯定要比UI类型的bug“坏”，必须要立即解决的bug肯定要比可以暂缓解决的bug“坏”，导致不能执行正常功能的bug肯定要比界面布局不合理的bug“坏”，隐藏深耗时长被发现的bug肯定比浮于表面的bug“坏”。所以，最终按照bug的几个主要属性作为评判“最强bug”的标准。

“最强bug”的众包测试赛依然采用了“线上”的形式，选取了某款Web在线翻译系统作为被测试对象，报名期1周，并详细告知了任务主旨以及最强bug的评选标准，任务时长4个小时，最终有432名选手报名成功。

由于此次的目的是寻找“最强bug”，所以并不会要求众包工人编写太多的测试用例，只要满足覆盖需求即可，也正是由于本次的开放性，参赛选手在4个小时的比赛时间里提交了1985份bug报告，说实话，“最强bug”的评选工作很是艰巨。

bug报告实在是太多，就不在这里赘述评选过程了，我们直接看结果！

结果是很难在1985份bug报告中选出1份“最强bug”的报告，众包测试参与者们的测试角度新奇，操作也千奇百怪，找到了很多让人眼前一亮的bug报告，组委会在经过层层的筛选后，决定增加“最强bug”的评选名额，最终敲定了3份bug报告，授予其“最强bug”的殊荣，并发布了公示单，如图2-9所示。

bug，往往被我们讨厌，因为它给软件带来了破坏，给我们的生产、生活埋下了隐患，一旦爆发，将会影响到我们的正常活动。每一位开发者都希望自己的软件没有bug，但软件测试不可能做到穷尽测试，天下无“bug”只能是理想中的状态。“最强bug”的背后，依然有可能存在未被发现的bug。探寻bug的过程是美妙的，回想一下，当你在认为已经发现了所有bug的时候，又突然找到一个奇妙的bug，是不是有种“山重水复疑无路，柳暗花明又一村”的感觉呢？

软件测试就是一个不断探索的过程，这个过程需要测试工程师设计全方位的测试方案，尽可能地考虑到更多的异常场景。从以往的测试数据看，在异常的操作场景下，可以发现软件80%的bug。虽然个人的测试力量有限，但融合成众包测试，就一定可以无限靠近“穷尽测试”。

其实，无论是“最强bug”，还是普通的bug，只要是影响到软件预期功能的bug，就需要被清除。我们强调“最强 bug”的目的是让大家重视 bug 的危害，永远没有零 bug 的软件，在发现下一个 bug 之前，“最强 bug”的地位只是暂时的。众包工人要保持对 bug 的渴望，挖掘最深处的缺陷，当 bug 的数量越来越多时，在其中选出的“最强 bug”地位也就越稳固。

“最强 bug”的头衔也会随着测试的持续深入而不断易主，当一个接一个的“最强 bug”被消灭殆尽，被测软件也就成了“最强软件”。

“最强 bug”公示单

“最强 bug”众包测试赛已经落下帷幕，参赛选手在比赛中表现优异，比赛竞争激烈。经过组委会严谨的筛选后，“最强 bug”的名单现已出炉。本次共选出 3 组“最强 bug”，这是一份特殊的荣誉，是选手的一枚勋章。

名单如下（排名不分先后）：

No.1 对单词“Turkey”及“turkey”的翻译结果没有区分，没有考虑专有名词的意义。

入围理由：“Turkey”与“turkey”均有“火鸡；失败”的意思，但当首字母大写时，“Turkey”就有“土耳其”的意思，该翻译平台没有考虑到专有名词，误导用户，这确实是一个很好的 bug。

No.2 网站没有备案。

入围理由：虽然该被测网站是为比赛专用而临时搭建的靶机，但作为全场唯一一个备案相关的 bug，确实是角度刁钻，称得上“最强 bug”。

No.3 通过修改 URL 链接参数，可以查看到其他用户的界面。

入围理由：这是一个非常大的安全性 bug，用户竟然可以通过参数修改进行渗透，是非常紧急的 bug，绝对担得起“最强 bug”的称号。

入选“最强 bug”的选手，将获得由组委会提供的丰厚奖品一份，请及时关注官网通知，填写领取信息。

“最强 bug”众包测试赛组委会

2018 年 6 月 9 日

图 2-9 “最强 bug”公示单

案例 4　一场“耍嘴皮子”的众包测试

工业革命初期，亨利·福特创立了福特汽车公司，这位创始人在管理企业时，曾经表达过这样的想法：每次都只想雇用一双手，来的却是一个人。这样的观点难免有些狭义，但同样揭露出一个事实，每一位员工都不能被当成流水线上的机器，而是有思考、有情感的完整个体。

事实上，随着脑力劳动岗位的日渐增多，人才招录已经不再拘泥于传统标准，而是考量其综合素养的高低，摒弃了以往推崇高分数、高学历的方式，转为“雇用一个人，而不是一双手”的思想。

如果深层剖析个体的综合素养，我们不难发现，一个人的表达能力往往是成功与否的关键因素。特别是在当今时代，很多工作对人员的表达能力都有着高要求，比如一些管理岗位、销售岗位、咨询岗位等。在职场中，想法只留存在大脑中是没有任何意义的，重要的是把好的见解表达给领导、同事、客户，与人交流，让别人理解，这样才能顺利地展开后续的工作。

以最为熟悉的职业程序员为例，大众对程序员存在一个固有的印象，就是整日与计算机打交道，代码一日千行，却不善言辞。实际上，大众对程序员产生这种印象并非就是实情。一款软件产品的诞生，从需求的产生，到成品的上线，每个环节都需要程序员参与沟通。

通常，鉴定一个人表达能力的强弱，采取的措施主要是线下观察，比如在面试时，面试官会通过与面试者的交流，观察其反应、判断及表达能力的水平。近几年在线上也出现了一些表达能力测评平台（见图 2-10），它们或以问卷调查的形式，或以在线答题的形式，根据得到的相应分数范围给出最终结论。

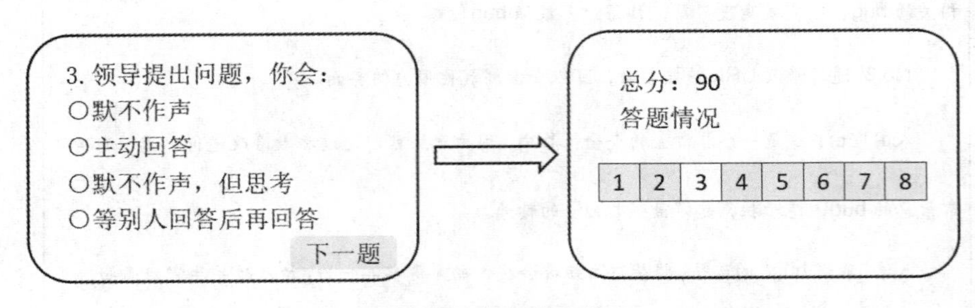

图 2-10　线上测评示例

表达能力是一种很主观的“软实力”，本就没有对错之分，像上面提到的测评平台，仅仅给每道题目分配分数然后给出结论，这样是不合理的。如果一句话都没有张开嘴巴说出来，只使用鼠标和键盘就完成了测评，这种测评毫无权威性可言。

线下测评具有成本高、效率低的特点，而线上测评具有无法掌控准确度的缺陷。在这样的背景下，2020 年 6 月，我们研发了一款基于人机对话的新型表达能力测评系统（以下称之为表达力测评系统）。用户需要真正地张嘴讲话，通过麦克风回答系统给出的问题，而系统会对用户的音频进行智能语音分析，其中包括分析时长、停顿、语速、音量、情感波动等维度，综合得出表达能力测评结果，绘制表达能力水平维度蛛网图，并给出适当的建议，如图 2-11 所示。

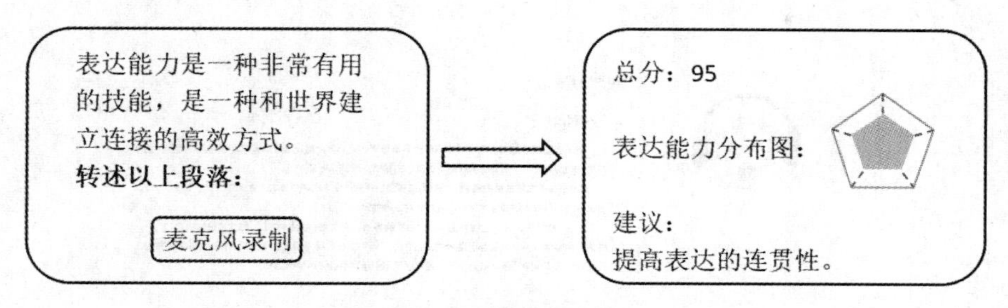

图 2-11 新型测评示例

表达力测评系统在未来面对的用户群，将是由不同年龄、不同性别、不同职业、不同性格的个体组成的，每一位个体的表达习惯、表达水平都是不同的，就像世界上不存在完全相同的两个个体一样，表达力测评系统也不会遇到表达力水平完全相同的用户，这也决定了表达力测评系统需要有足够抵御住压力的“韧性”。

为了检验表达力测评系统的“韧性”，同时期望发现隐藏在测评系统中的 bug，收集用户的建议，进一步提升表达力测评系统的质量，我们于同期组织了一场基于表达力测评系统的众包测试任务，区别于以往的是，这是一场真真正正“耍嘴皮子”的众包测试。

众测任务信息一经披露，立刻受到了大家的关注，不到一天的时间，报名人数就超过了 200 人。但是，此次任务不同于之前的“埋头找 bug”，要想找到测评系统的缺陷，众包工人必须使用人类的语言与机器交流，那么如何衡量测试工作量、如何把控测试进度、之前基于经验或基于错误推测的方法是否可以复用、需要什么样的音频环境等这些问题会给众包工人带来不小的困惑。

考虑到这些因素，在报名工作结束之后，我们为通过报名的 390 人开展了一场线上的表达力测评培训，公开演示基本的测评操作以及音频环境等注意事项。

通常情况下，参与众包测试的工人在接收任务之前，并不了解要测试的系统，大多数众包测试平台都是在任务开始后才公布需求文档等资料，这也是出于成本控制等方面的考虑。资料少以及测试时间压力大，是众包测试不可回避的测试条件，不过这样的条件与探索性测试极度吻合，因而各大众包测试平台都推荐众包工人使用探索性测试。

在探索性测试中，众包工人在定义的时间盒内，动态地设计、执行、记录和评估测试。通过过程结果能够进一步地了解系统，并对可能需要深入测试的区域形成深度测试方案，当然也可以通过建立测试目标和测试章程来指导测试。同时测试设计配合等价类、边界值等黑盒测试方法，也会获得更好的测试效果。

在此次的众测任务中，考虑到表达力测评系统的特殊性，同时为了避免质量风险及不良事件的产生，在任务正式开始前我们就与众包工人接触。由此可见，众包测试任务的前期准备工作不应该一成不变，而是需要根据任务的实际情况定制化方案。

当众包测试任务正式开启后，近 400 名跃跃欲试的众包工人们终于亲手“摸”到了表达力测评系统，系统首页如图 2-12 所示。

图 2-12　表达力测评系统首页

每一位众包工人都会被分配得到一个会员账号，该账号可以登录表达力系统进行测评。不过，由于表达力测评系统还未正式上线，为了保护产品方利益，我们对每个账号的测评次数与会员时间都做了限制，如图 2-13 所示。

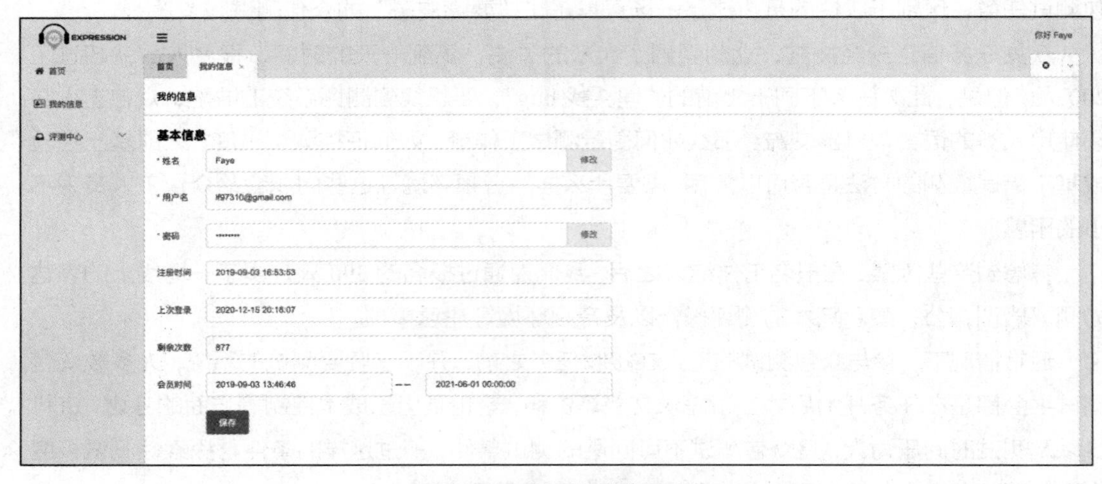

图 2-13　会员账号信息示例

正式的测评分为 3 个部分。

首先，在启动测评前，众包工人需要测试音频环境是否达到标准，具体的操作：系统将随机给出一段语料，众包工人需要对这段语料进行朗读，系统根据众包工人的朗读判断是否达到测评环境标准，进而开启测评程序，否则会退出，直至测评环境合格为止，如图 2-14 和图 2-15 所示。后期在任务结束后的复盘阶段，也显示出在这一环节，不同的众包工人采用了电脑音频、第三方插件、线控麦等软硬件设备，较全面地覆盖了音频环境的组合，对提升表达力测评系统在兼容音频环境方面的处理，提供了非常有价值的信息。

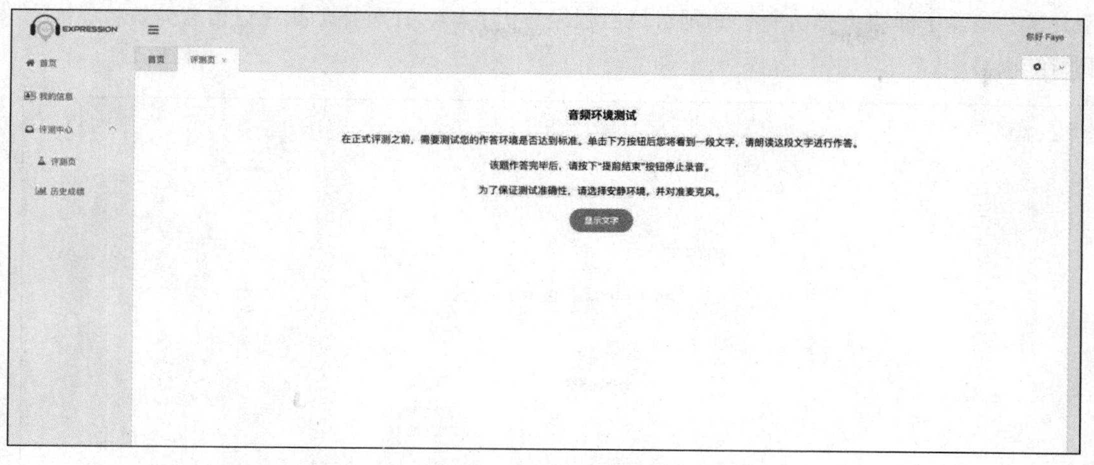

图 2-14　音频环境测试要求

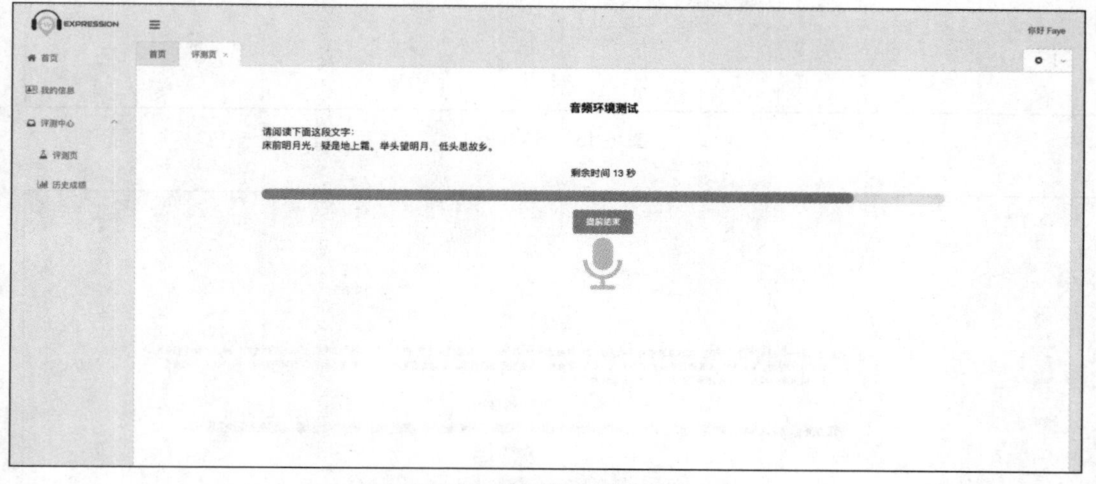

图 2-15　音频环境测试语料示例

系统在确认众包工人的音频可被识别，并且音频质量合格后，即可进入第二步——选择测评模板。表达力测评系统面对的是不同的人群，根据语言特征的不同分为 3 种模板，以满足不同人群的需求，如图 2-16 所示。

此次众包工人人数近 400 人，每人都会测试 3 种模板，总测试量约 1200 次。其中，每一款模板都对应擅长者或生疏者，而系统的测评功能正需要不同水平的工人，“不同水平”并非指“擅长者优秀、生疏者拙劣”，在众测的概念里，覆盖充分度也是很重要的指标，“不同水平”正能检验表达力测评系统的“应变技能”。

最后，就是完成测评题目。

众包工人需要在规定的时间内完成系统随机给出的所有测评题目，每道题目都随机抽取自语料库，内容涵盖不同的主题，如图 2-17 所示。

测评题目中，一部分题目，要求众包工人朗读给出的文字，并录制音频；另一部分题目，则是给出一个论题，众包工人需要针对该论题脱稿阐述自己的观点，并录制音频。测评系统对音频进行清晰剪辑，提取音频特征，调用分数计算函数，不同类型的题目会调用不同的分析模型，其中核算子模块将确认所有的题目是否已经分析完毕，并对整个测评进行总分统计，输出测评结果。

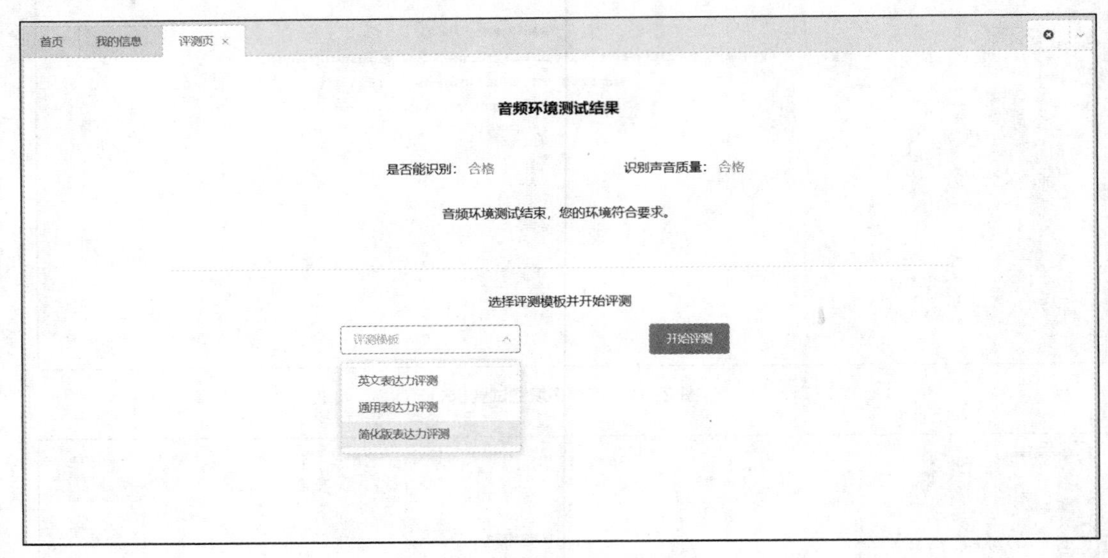

图 2-16　测评模板

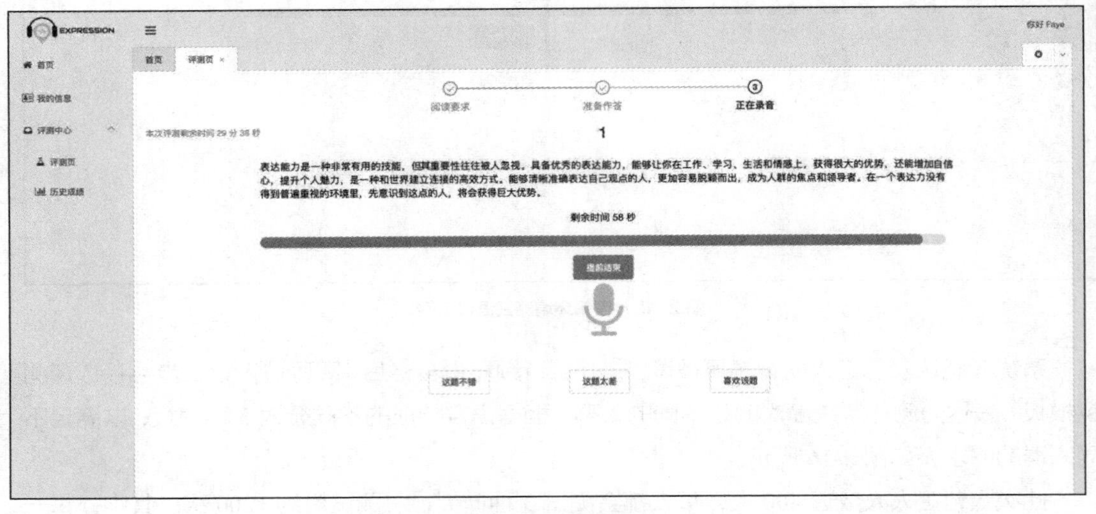

图 2-17　测评题目

测评结束后，系统将从音质、细节、主旨、逻辑、结构 5 个维度给出分析结论，如图 2-18 所示。每一位众包工人都会得到一份不同的测评结果，随着新一轮测评的创建，结果也随之变化。动态的结果展示，给众包测试任务提供了更多的测试点，众包工人可以根据答题模板等设计不同的测试路径，比如，生成测评笛卡儿积等。反推，众包测试所设计出的测试用例，能够大幅度地提高测评分析程序的覆盖率，对表达力测评系统的质量优化也是大有裨益。

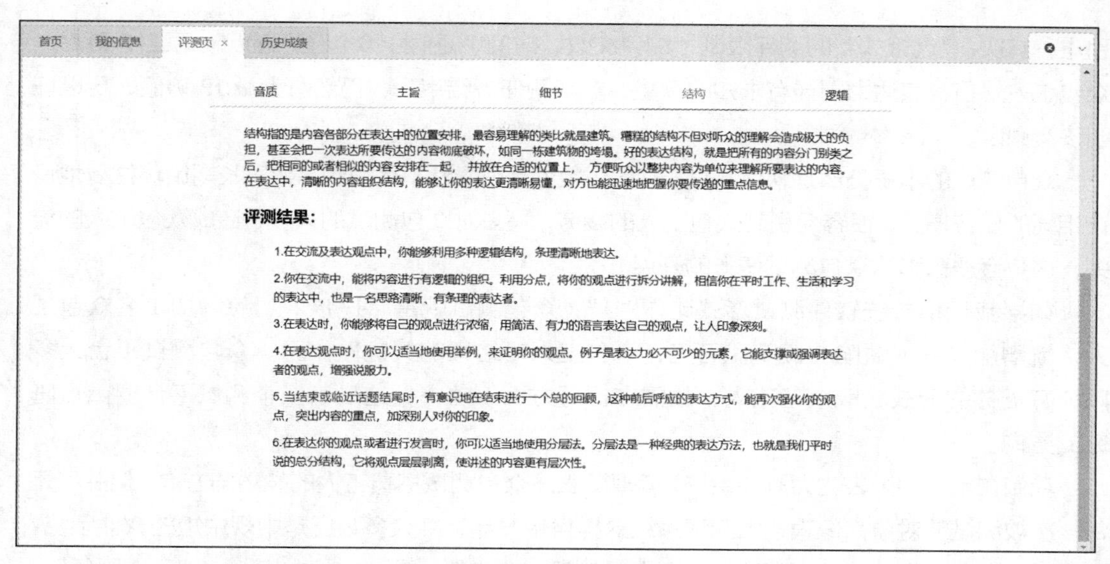

图 2-18　测评结果示例

除了输出测评结论，系统还会输出绘制测评结果的蛛网图（如图 2-19 所示）。绘制的蛛网图能够更形象地展示测评者在测试过程中哪个维度突出，哪个维度偏弱，可以帮助测评者清晰地了解自身存在的问题，以便及时学习调整，提升自己的表达能力。

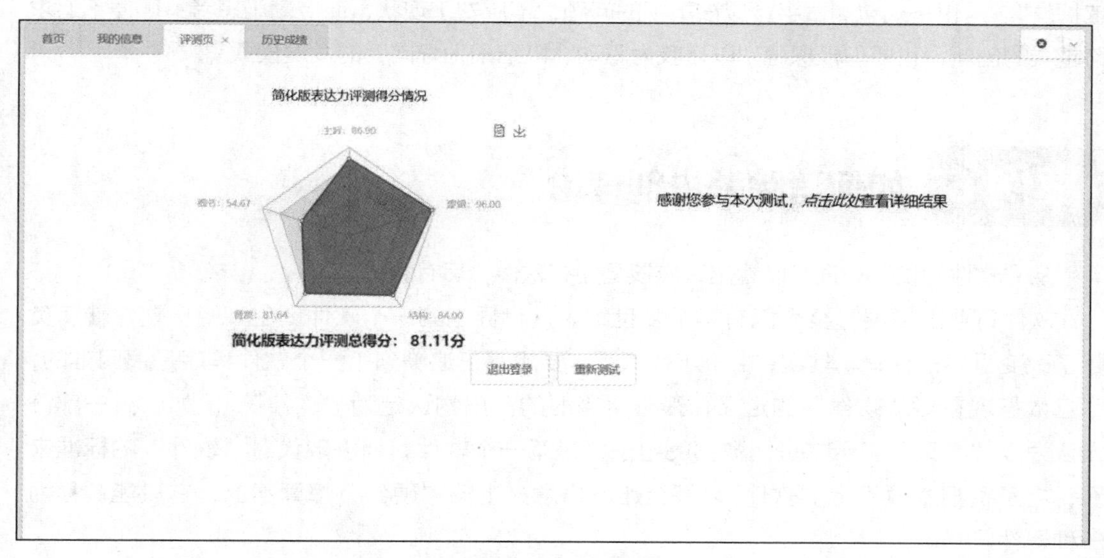

图 2-19　测评结果蛛网图

后台数据显示，在测试期间，表达力测评系统受到了持续的访问，访问量维持在稳定的数字，表明中途并未有众包工人退出任务。而此番众包测试任务，之所以能够短期吸引一批众包工人积极参与，除了薪资报酬等因素的吸引外，表达力测评系统本身也是不可忽视的原因。

首先，表达力测评系统较为新颖，首次推出“耍嘴皮子”的测试方式，这成为最主要的吸引点；其次，“饥饿式”的测评限制（测评次数、时间）是吸引众包工人的另一原因；最后，众包工人对自身表达力同样有求知的欲望，在众测任务结束后，仍然有大量 IP 访问，足以证明该类原因。

众包测试的本质仍然是软件测试，它的重复性、枯燥性不可避免，如果长期循环往复地设计相同的任务模式，很容易引起众包工人的疲劳，失去对众包测试的兴趣，造成众包工人的流失，这将会严重影响众包测试任务的开展。

如果我们把传统软件测试形式比作“1”，众包测试就是“1+1=2”，每增加 1 名众包工人，就增加了发现缺陷的概率。可见，众包工人对结果的关键性作用。众包测试平台大多以公开招募的形式获取众包工人，故需在招募方面下功夫，这是每一个测试平台要重点研究的方向。

我们在本节中以表达力测评系统为案例，表述众包测试招募工人的技巧与方向，但并不是每一次被测试的对象都像表达力测评系统这样自带光环，绝大多数还是中规中矩的软件系统。所以，平台要学会从中挖掘闪光点，没有条件就创造条件，在“中规中矩”中“另辟蹊径”，最好能预先设定测试目标，如为某场众包测试设定招募 500 名众包工人的目标，有了目标，再去设计任务方案就会更加有的放矢。

总的来说，只有不断地创新与改变测评系统，拥抱变化，从众包工人的角度去思考、设计任务，才能吸引更多的人才参与进来，才能发现更多被测系统的缺陷，为软件系统的质量“保驾护航”。这也是众包测试平台应该重视的问题，不应安于现状，而应勤于思考；即便不追求跨越式的创新，也要积极探寻“以自我为驱动、以结果为导向”的发展模式。

案例 5　如何消除杀虫剂悖论

从“软件测试”一词可以看出，应该是先有软件，后有测试。

软件行业的发展，至今已有半个多世纪。从世界上第一个软件诞生开始，软件就肩负起了改变世界的使命。其实，由于年代久远，要想真正追溯到第一个软件程序是很困难的，并且依据现在对“软件”的定义，很难将当时的产出物认定为“软件”。比如，有一部分人认为以“亮灭”表示二进制数据的电子管是第一个软件，但以现代对“软件”的标准来看，电子管根本算不上“软件”，甚至连严格意义上的“硬件”都算不上，它只能被称为一种器件。

不过，在软件行业，有一个人被推崇为计算机程序的创始人，她在 1842 年至 1843 年间写下的一段程序被大家广泛认可为世界上第一个软件，这个人就是英国诗人拜伦的女儿阿达•洛芙莱斯（Ada Lovelace）。与其父浪漫文艺的职业不同，阿达•洛芙莱斯设计了巴贝奇分析机上解伯努利方程的一个程序，还提出了循环和子程序的概念，她也被大家亲切地称呼为世界上第一位“程序媛”。

再到后来，软件行业一步步地发展起来，有了大批专业从事软件开发的职业程序员。不过，在早期，还没有建立起规范的软件生命周期，所开发的软件也具有结构简单、规模比较小等特点，开发人员往往要负责有关软件的全部工作，此时的人们脑海中还没有意识到“测试”的重要性，而只有“调试”的概念。

这里需要解释一下“测试”和“调试”是两个不同的概念。测试，通常是为寻找软件的缺陷而执行的一系列操作，一般由专业的测试人员负责；而调试，通常是指由专业的开发人员负责分析、修复缺陷的过程。

当然，后续还有检查缺陷是否被修复的确认测试，以及修复缺陷有无引起其他异常的回归测试等流程。由测试人员进行调试的情况也是存在的，在一些敏捷开发中，测试人员也可以参与到组件调试工作中。

伴随着一些因软件缺陷而造成的事故及损失的示例，大家开始意识到软件质量的重要性，从而软件测试也被单独列出，作为一种独立的岗位。在过去的几十年里，人们一点一滴地总结经验，梳理体系，逐步制定出一系列的测试标准。

其中，被大家广泛认可的是软件测试的七大基本原则。

原则 1　测试说明缺陷的存在，而不能说明缺陷不存在。

原则 2　穷尽测试是不可能的。

原则 3　测试的尽早介入可以节省时间和成本。

原则 4　缺陷的群集效应。

原则 5　杀虫剂悖论。

原则 6　测试活动依赖于测试环境。

原则 7　不存在缺陷的谬论。

七大原则中的杀虫剂悖论，是个很有意思的结论。喷洒杀虫剂的目的是消灭害虫，但是当重复使用一款杀虫剂后，就出现了可以对该毒素免疫的蚊虫，导致杀虫剂失效。

与其类似的是，在软件测试中，我们的测试方法就好比杀虫剂，而软件则好比农作物，探索 bug 的过程就像是消灭害虫的过程。在测试初期，可能会发现很多的 bug，但是如果一直使用同一种测试方法，在后期就很难再发现新的 bug。这种情况并非找到了软件所有的 bug，因为如果下这样的定论，就违背了第 2 条原则“穷尽测试是不可能的”。

为了找到新的 bug，就需要不断地改变测试方法，例如更新测试用例、完善测试数据等。每个人思维观念的形成都有一个漫长的过程，人们在思考某件事务的时候，总是会不经意地根据之前的经验、知识等来判断，在主观上有一定程度的定型。

举个例子，思维定式通常让我们认为鸟类都会飞翔，这样的好处是便于人类认知这个世界，在遇到天上飞的生物时，也许我们并不能叫出它的名字，但思维的定式会告诉我们这种生物一定是一种鸟类；带来的坏处就是思维定式局限了我们的认知，当我们遇到不会飞翔的生物时，想当然的就不会将其与鸟类联系在一起，而企鹅这种生物，虽然不会飞翔，却属于鸟类，这个例子不就违背了我们通常的认知逻辑了吗？“江山易改，本性难移”其实也是思维定式的体现。

在传统软件行业，开发人员与测试人员的比例通常在 3∶1 左右，而具体到项目，则会根据项目规模的大小、工作量的多少适当分配测试人员，通常在 1～3 人之间。但即便是专业的测试人员，也难逃思维定式的魔咒，信心满满的认为测完了，再也找不到新的 bug 了，便把大大的“pass”写在了测试报告上，结果等系统上线后，各种问题接踵而至。

有时候，带着缺陷的系统，一旦应用到生产环境中，很容易造成重大的生产事故，严重的更是会危及人们的生命财产安全。例如，2018 年 10 月，由于波音 737MAX8 型号的飞机控制系统存在某个缺陷，导致一架该型号的飞机从印度尼西亚首都起飞 13 分钟后坠毁，飞机内 189 人全部丧生。令人惊讶的是，在事故发生后，相关部门仍未发现该软件系统的缺陷；2019 年，同款型号的飞机又一次发生坠机事故，157 人罹难。直到同年 4 月，波音公司才正式确认飞机自动防失速系统的缺陷。

当然，基于软件测试原则 2“穷尽测试是不可能的”，我们不能将责任全部推到软件测试人员身上，这是不公平的。思维定式的形成不是一朝一夕的，要想完全解除个体对软件认知的思维定式实在是太难了。与其费时费力地培养测试工程师的思维习惯，不如采取迂回策略，选择众包测试这样的测试模式。

众包测试可以从根本上解决思维定式的问题，其原因是既然每个人都有自己的固定思维，那么通过扩充人员，就可以“查漏补缺”，最大化地消除思维定式，同时最大化地消除“杀虫剂悖论”现象。

也有少部分企业意识到这个问题，采用“交叉测试”的方法，在主要负责人测试结束后，安排其他人再次进行测试。不过，在实践中，这种方法效果甚微。首先，交叉测试的人员数量不足以抵消“杀虫剂悖论”。其次，在主要负责人首轮测试结束，已经很难发现 bug 的前提下，其他人往往抱着“参与首轮测试的人已经很好地完成了工作”的心态，随意地点击页面了事，再想让后来者沉下心来进行深入测试几乎是不可能的。

众包测试在消除“杀虫剂悖论”方面的效果到底如何，请看下面的实践案例。

2018 年的夏天，蚊虫飞舞。

南京途牛总部的办公室中烟雾缭绕，几名中年男子正围坐一圈，商讨凌晨上线新功能的事情。

自从上个季度出了一次生产事故之后，几位负责人是胆战心惊，生怕这次再出了差错，造成负面影响。

一名戴眼镜的男子望向对面的人，问道：“老张，你手下那几个人测得怎么样？”

“挺好的，我也看了下系统，正常，有个小需求，来不及上线了，放到下个迭代里去。”对面的人放下水杯，回答道。

“不正常也晚了，几个小时之后就得上线了”，旁边的人说道。

戴眼镜的男子一脸严肃，“怎么会呢，要是有问题，就停止上线吧，可不能像上次一样。”

“放心放心，我让他们测试完自己负责的部分之后又互相测试。”

互联网企业，大都面向广大的群体用户，每每有系统更新或者新功能上线时，为了不影响用户的使用，都会选择在凌晨发布。届时，与上线系统有关的人，都会参与值守，直到上线结束且系统能正常工作。

深夜 12 点，准时发布。

突然，群消息开始闪烁。

“挂了，系统崩了”“网页打不开了”“账号访问 404”等一连串的消息弹出，会议室里的人一声叹息：“唉，先申请回滚版本吧。”

这注定是一个无眠的夜晚，当天空泛起鱼肚白的时候，问题的原因依旧没有找到。

“不等了，老张安排这边的人继续定位，老赵你等会跟我去个地方”，戴眼镜的男子顶着一身疲倦，下了命令。

几个小时后，一行人来到了鼓楼的一家公司。原来，那位戴眼镜的男子在上个季度的生产事故之后，就一直在找寻解决问题的办法。他了解到了众包测试，还上门拜访过本地的一些众包测试平台企业。只不过，出于陌生感，他最终并未采用这样的方式。

这一次，他抱着“死马当活马医”的一种心态，索性就试一试众包测试。

戏剧性的是，当双方基本谈妥，准备近几日就组织相关众包测试任务的时候，总部那边的人来了电话，问题解决了。

“解决了，上线也往后推一推，再来测一测”，显然，戴眼镜的男子已然降低了对下属们的信任感，在电话里讲道。

放下电话，他继续与众人沟通。

最终双方达成一致，以最新版本为测试对象，搭建测试环境，开展为期一天（8 个小时）的众包测试任务，对发现问题或提出建议并被采纳的众包工人给予高额奖励。

详细的组织过程就不再赘述，因为高额奖励的吸引，这一次众测任务引来了不少人的参与。

下面我们集中看一下这场众包测试任务的结果。

果不其然，众包工人提交了满满当当的缺陷与建议。考虑到时间紧迫，在初步梳理之后，就邀请对方一起来评审缺陷。其中几个典型的缺陷，如表 2-1 所示。

表 2-1　部分典型缺陷

ID	bug 标题	bug 描述	严重等级
1	切页加载易卡死	直接切换页码到最后一页时，需要很久才可以加载出来，大概率会出现页面卡死的现象	一般
2	新手机号段注册失败	147 等新手机号段在注册系统时会提示手机号码不正确	一般
3	网页缺少备案号	单击“联系我们”后跳转到的网页没有备案号	轻微

此次缺陷评审会议，戴眼镜的男子除了亲自过来之外，还带了老张和几名开发人员，几个人在看到类似上面展示的缺陷时，都忍不住发出赞叹，“这个问题就是我也想不到，谁能想到移动还出了 147 的手机号段啊，哈哈哈”，虽然确认的是自己企业的系统缺陷，但是仍然笑得合不拢嘴。这次，应该可以上线了。

思维定式，会让测试人员陷入思维的桎梏，在构造测试用例时难免以偏概全。软件的缺陷，往往就发生在没有考虑到的异常场景下。面对的用户的操作是稀奇古怪的，有时候，他们不会按照需求文档设计的那样去使用系统，而是更偏向于随心所欲，尤其是在刚开始接触一款软件的时候，用户往往不了解具体的操作流程就操作，就会出现一些复杂且合理的操作。这些操作往往是开发与测试人员容易忽略的地方，纵使专职的测试工程师，也没有办法实现 100%全场景覆盖测试。

众包测试，能够将不同思维的个体聚集到一起，假设工人 A 擅长测试登录功能，工人 B 擅长测试查询功能，工人 C 擅长分析功能，ABC 三人合作测试同一个项目，就能互相弥补对方的劣势。三人皆如此，就不必说众包测试所面临的大规模群体了。

“杀虫剂”只有新老结合，改进配方，才能发挥最大的效能。

众包测试，就是在一次次的实践中证明了自己的神奇之处，如果你觉得并没有那么神奇，说明你很有可能已经有了思维定式，又有谁知道未来移动还会推出什么号段呢。

这节的案例讲完了，回想起来，2018 年的夏夜格外的热，蚊虫又开始飞舞，有人拿来一瓶新款杀虫剂，喷洒过后，一片狼藉。

案例 6 回归众测

一直以来，软件开发生存周期模型都是行业内经久不衰的话题，它描述了软件开发项目中每个阶段要开展的活动类型，譬如需求、设计、编码和测试等，以及这些活动是如何在时间与逻辑上相互关联的。

从最早期的瀑布模型，到后来的快速原型模型、增量模型、螺旋模型、喷泉模型等，每一种模型都代表了人们对软件活动的认知与改进。

如果将上述模型以过程分类，可总括为两类，即：

- 顺序开发模型
- 迭代开发模型

顺序开发模型，即认为软件的整个生命周期是线性的有序活动流，只有当前阶段的工作完成后，才可开展下一阶段的工作。不同阶段的工作，在原则上是相互完全独立的。如图 2-20 所示，作为其典型代表的瀑布模型，活动流从前至后为需求分析、概要设计、详细设计、编码及测试。从图中可以看到，测试活动是在编码完成之后才正式介入的。

如图 2-21 所示，V 模型同样具有顺序属性，它将测试过程集成到开发过程中，是人们开始思考尽早测试准则的体现。同时，在 V 模型中，不同的开发阶段已经出现相对应的测试级别，这就进一步地支持了尽早测试。通常，每个测试级别相关联的测试执行同样是按顺序方式进行的。

在顺序开发模型下，最终交付的产品具备完整的特征集，能一次性满足交付需求，不过所花费的时间也较长，根据软件需求的体量，一般需要几个月甚至几年的时间。

软件行业发展的日益成熟，对开发周期提出了更高的要求。尤其是进入互联网时代后，企业争分夺秒地抢占地盘，“热更新”与“热修复”成为常态。迭代模型，遵循快速、多次、增量的宗旨，成为目前的主流模型。该类模型最明显的特征是，将最终的交付需求拆解为多个子集，迭代上线，如图 2-22 所示。

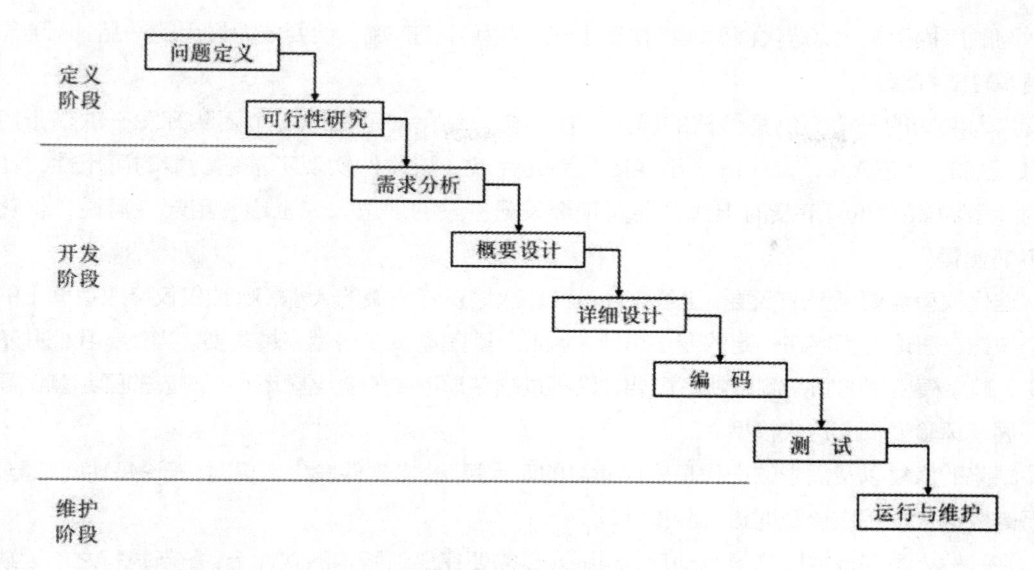

图 2-20　瀑布模型

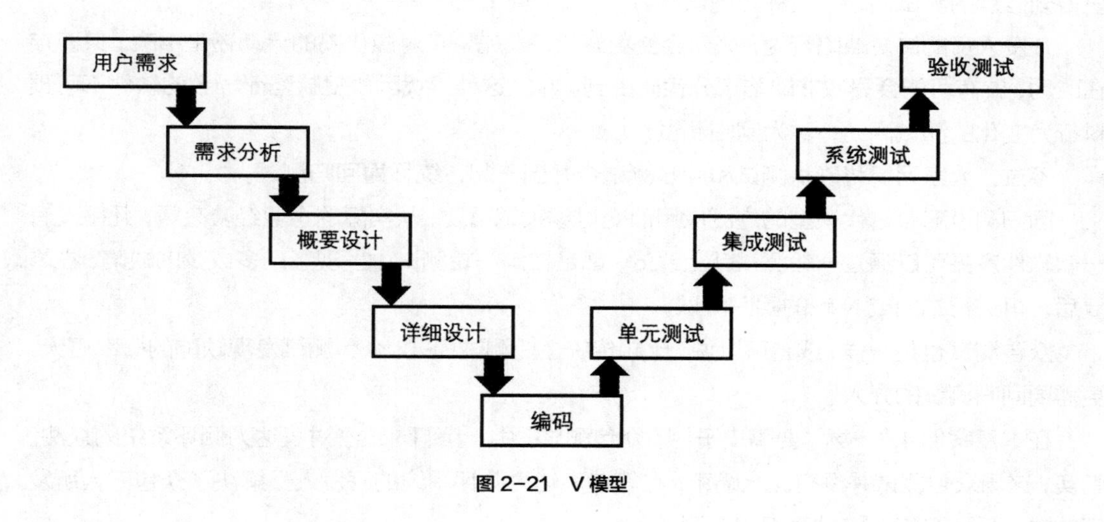

图 2-21　V 模型

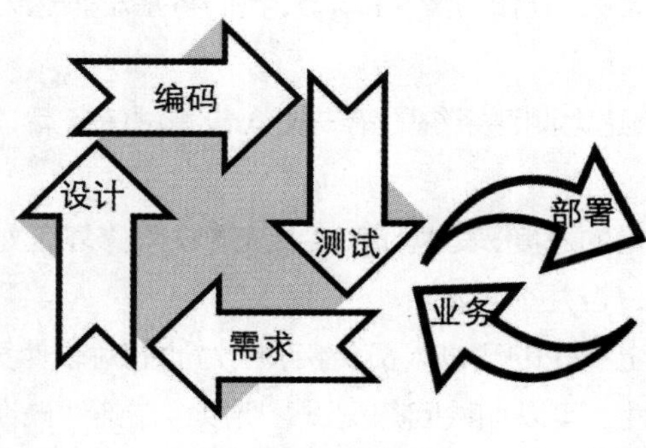

图 2-22　迭代模型

与顺序模型相比，迭代模型能够快速上线一款可用的产品，但要成为好用的产品，可能需要更多轮的打磨。

广为熟知的一个案例是微信的诞生。在最初，马化腾是安排 3 个团队开发一款基于短信息模式的社交 App，广州的张小龙团队率先完成，该软件实现了基础功能的可用性，在当时竞争激烈的环境下及时上线，拥有了今天霸主般的地位。先上线，用起来再说，优化的事情慢慢做。

迭代模型需要频繁地变更、上线，且不管每次增量特征集的大小，哪怕仅仅修改页面上的几个按钮，理论上都存在一定的变更风险。因此，回归测试变得越来越重要。当然，我们并不是说，顺序模型中的回归测试就不重要，只不过顺序模型中的变更频率小，对应的回归测试同频开展，风险要低于迭代模型。

缺陷的修复以及需求的迭代是软件质量的两大风险，当软件发生变更时，无论是缺陷修复，还是需求迭代，都应该及时进行测试活动。

在开发人员完成缺陷修复活动后，测试人员需要在最新版本的软件上，重新执行之前因缺陷导致失败的测试用例，或者在原有的基础上补充用例，覆盖到缺陷场景，这种确认缺陷是否已得到修复的测试活动，被称为确认测试。

开发人员的修复缺陷行为，必然会变更源代码，无论是对源代码的大动还是小改，只要存在改动，就有可能会导致非缺陷部分代码受到影响，这种寻找因修复缺陷而导致的软件不可预料行为变化的测试活动，称为回归测试。

不过，大家习惯将确认测试和回归测试合并到一起，统称为回归测试。

回归测试随着迭代模型的广泛应用而变得越来越重要。从实际的企业经验来看，几乎没有一款软件产品可以通过一轮测试就上线的，都是在第一轮测试中发现了或多或少的缺陷，在修复后，再进行二轮或 N 轮的回归测试。

众包测试也是一样，或者可以说，比起传统企业测试模式，众包测试发现缺陷的概率更大，更需要回归测试的介入。

在本章案例 4“一场‘耍嘴皮子’的众包测试”中，我们讲述了对表达力测评系统的众测。其实，这场众包测试并没有完全结束，在等待表达力测评系统的开发人员解决了众包工人所发现的缺陷后，我们还安排了回归众测任务。

回归测试与众包测试是怎么结合的呢？在本节，我们将基于表达力测评系统的回归众测任务为案例，进行阐述。

在 2020 年 6 月结束了表达力测评系统的第一轮众包测试任务后，系统开发人员就开始对 51 个缺陷进行排期修复。

缺陷的优先级决定了迭代的速度，表达力测评系统的缺陷修复工作也采用了迭代更新的模式，先解决优先级高的缺陷，合并小版本。

回归测试通常是继续由上一轮的测试人员负责，因为他们对软件更熟悉，对缺陷的了解更到位，而且由于他们的熟悉性，可以加快回归测试。所以，在条件允许的情况下，由之前的测试人员执行回归测试是最佳选择。

在众包测试的模式中，众包测试平台与众包工人之间是不存在雇佣关系的，所以众包工人具有流动性高、依赖性低的特点。换句话说，众包工人“想测就测，不想测就不测”。如果只是针对一场众包测试任务，这样的特点似乎没有太大的影响。但是，如果需要开展回归众测，那么召回之前一轮的众包工人就是一个很大的难题。

首先，100%召回是完全不可能的。其次，我们需要了解众包工人的参与动机。从参与动机入手，就能提高对众包工人的可控性。

曾经，我们对平台的众包工人做过一次问卷调查。其中一个选项就是想了解众包工人参加众测任务的目的，结果如图 2-23 所示，有 76.6%的人的参与目的是获取薪酬，10.5%的人是为了提升个人的技术水平，8.9%的人是为了获取奖励证书，还有一部分人并没有特别强烈的欲望，只是利用空闲时间参与。

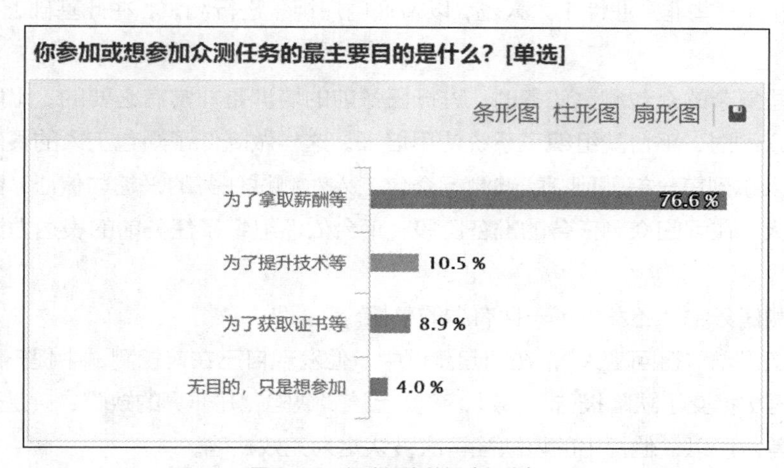

图 2-23 问卷调查数据（部分）

获取薪酬是最大的动机，这是可以理解的。众包测试任务是一场脑力劳动，相信不会有人愿意付出了劳动却得不到报酬。所以，适当增加薪酬，改进薪酬机制（如项目制），是可以提高召回率的。

满足众包工人技术提升的想法可以从两个方面入手。一方面，平台在安排众测任务时，提一些具体的需求，让众包工人使用一定的技能才能完成，比如，选用大数据分析平台作为测试对象，众包工人进行算法分析等；另一方面，拓展知识面也属于技术提升的一个范畴，比如，表达力测评系统本身就是一个“长见识的系统”。

发放奖励证书，其本质是众包工人想要获得成就感，获得精神领域的满足感，是一种自我价值的体现。众包测试平台如果在薪酬之外，给予一定比例的精神奖励，也将对召回率的提升起到作用。

综上所述，平台在组织表达力测评系统回归众测任务的时候，从经济和精神两个方面制订了召回方案。

- 经济奖励。参加过首轮表达力测评系统测试的众包工人，在回归众测中，薪酬将在原有的基础上增加 20%。
- 价值奖励。按众包工人发现有效缺陷的数量排行，前 30 名将获得平台颁发的荣誉证书和荣誉奖杯，前 3 名额外获得“捉虫能手”称号。

- 平台奖励。平台将随机抽取 20 名众包工人赠送其表达力测评系统的 1 年免费测评权，凡参加本次回归众测任务的众包工人均有机会获得。

事实证明了方案的可行性。首轮众测任务，共有 390 人参加，回归众测任务共 301 人参加，其中 279 人参加过首轮任务，召回率达到 71.5%，这已经是非常高的比例了。

“窥一斑而知全豹，处一隅而观全局”。众包工人的召回率，实际上也是众包测试平台的留存率问题，代表着众包工人与平台之间的黏度与忠诚度问题。

众包工人是众包测试平台最宝贵的资源，要避免其成为一次性资源，应促其转化为可持续性的发展资源，实现长期合作。由于众包测试的探索性本质，在选择众包工人的时候，可以适当降低标准，准许一些非专业性工人入场，以普通用户视角进行测试，在此基础上，可以迅速增加工人数量。

在遇到一些复杂的众包测试任务时，进行任务前的培训是非常有必要的。比如在表达力测评系统首轮众测时，平台就组织了系统使用培训。这样做降低了众包工人的畏难情绪，帮助新的众包工人拿到第一笔薪酬，能够激起众包工人对测试任务的兴趣与信心，留存平台的可能性就会更大。在回归众测任务的准备阶段，平台依然组织了任务前的表达力测评系统培训工作。

在回归众测任务中，还发生了一件有趣的事情。

某位众包工人是“召回工人”，在回归测试中，他发现自己在首轮测试中提出的某个缺陷仍然存在，就再次提交了缺陷报告。不过，事实上该“缺陷”并非真的缺陷，只是这位工人在理解上存在偏差。所以，他提出的该缺陷再次被认定为无效缺陷。

任务结束后，平台收到了该众包工人的申诉邮件，认为我们错判或漏判了他的缺陷报告，字里行间透露出委屈与愤懑的情绪。

众包工人与众包测试平台之间产生了误解，工人认为自己受到了不公平的对待，自己的劳动没有获得等价的回报。此时，如果众包测试平台以高高在上的态度处理——不回复不关心不在乎，那么平台的信誉度将会受到损失，相关众包工人也会流失。

建立完善的“售后”处理机制，也是平台留存众包工人的必要措施。

在此例中，平台在收到申诉邮件后，迅速安排专门的人员进行回复，详细解释了判定缺陷无效的原因，在经过沟通后，该工人认可了测试平台判定的结果。如此处理，既消除了平台与工人之间的误解，又留住了这位众包工人，相信在以后的测试任务中，他还会参加，并且在潜移默化中，为众包测试平台带来其他的工人流量也未可知。

我们再来看一下回归众测的效果。

“召回工人”在测试时，偏向于在首轮测试中发现缺陷的模块测试，并且会尝试复现之前发现的缺陷；新加入的工人，或随机选择模块，或按照自己的测试计划进行测试，没有重点“盯梢”的模块。“召回工人”在回归测试中起到决定性的作用，因为只有他们才知道缺陷重灾区在哪里，才能确认缺陷是否已经被修复，以及确认系统是否因为修改而在其他位置又引入了新的缺陷等。

表达力测评系统的小版本修复了 32 个 bug，在整理完众测工人提交的缺陷报告后，平台发现并未存在与 32 个 bug 重叠的缺陷报告，证明这 32 个缺陷已被修复。不过，其余缺陷报告中出现了因修复缺陷而引入新 bug 的描述，这基本可以断定是“召回工人”所提交的，因为只有他们才会知道之前哪个页面存在 bug。

笔者挑选了其中两份缺陷报告，这两份缺陷报告是众包工人在第一轮测试就发现过的，在回归众测时，这两个“旧”bug 又再次被提了出来，如图 2-24 所示。

评分 *	6
bug唯一标识id	5f0948064cedfd000d3c980a
查重分数	已查重
点赞数	1
点踩数	0
题目	版权信息布局不合理
页面	首页-版权-布局
漏洞分类	用户体验
严重等级	一般
复现程度	必现
创建时间	2020-07-11 13:14
bug描述	虽然增加了版权信息，但是相关的文字太靠近底部，布局不合理

评分 *	7
bug唯一标识id	5f094c3e4cedfd000d3c9997
查重分数	已查重
点赞数	3
点踩数	0
题目	将微信登录置灰并未真正解决问题
页面	首页-登录-登录
漏洞分类	功能不完整
严重等级	一般
复现程度	必现
创建时间	2020-07-11 13:21
bug描述	将微信登录置灰并未真正解决问题

图 2-24　回归测试“旧”bug

从图 2-24 左侧缺陷报告 bug 描述的语义信息“虽然增加了版权信息”中，可以分析出该众包工人知道上一版本存在“版权信息缺失”的问题，虽然本次进行了相应的修改，但该众包工人认为因修改引入了新的缺陷；而从右侧缺陷报告“并未真正解决问题”的语义信息中，我们也同样可以确定，该众包工人是了解上一版本对应的问题现象的。的确，在上一版本中使用微信登录会报错，开发人员本想将该功能放置到后续版本中迭代，本次小版本就暂以置灰的形式进行处理，没想到这位众包工人态度严谨，不认可“置灰”这种敷衍的解决方式，再次将这个问题“揪”了出来。当然还有很多类似的缺陷报告，在这里就不一一列举了。

当然，新加入的工人有他们的作用，他们可以发现更多的新问题，比如在表达力测评系统回归众测任务中，有一位新工人提出了 IE 浏览器不能进入登录页面的 bug，虽然表达力系统主要在 Chrome 等浏览器上运行，但没有兼容 IE 浏览器，也确实算得上是一个 bug；另一位新工人提出了登录页面密码框可以复制粘贴存在的不安全性，从安全角度看也是一个 bug，如图 2-25 所示。

评分 *	5
bug唯一标识id	5f0948584cedfd000d3c936a
查重分数	已查重
点赞数	4
点踩数	1
题目	不支持IE浏览器
页面	首页-登录-登录
漏洞分类	兼容性
严重等级	一般
复现程度	必现
创建时间	2020-07-11 13:03
bug描述	1、使用IE浏览器打开系统的地址；2、不能打开系统页面

评分 *	7
bug唯一标识id	5f094ef54cedfd000d6c9b43
查重分数	已查重
点赞数	2
点踩数	0
题目	登录密码可以复制粘贴
页面	首页-登录-登录
漏洞分类	安全性
严重等级	严重
复现程度	必现
创建时间	2020-07-11 13:07
bug描述	1.复制密码到登录页文本框内 2.不应该支持粘贴操作

图 2-25 回归众测“新”bug

回归测试，是对原有的测试用例进行重复执行，“重复”在回归测试中占有很大的比例，这种模式被称为用例回归。对以前版本中出现过但现在已经修复的缺陷重新进行验证，并围绕缺陷制定测试手段，这种模式被称为错误回归。

回归众测中，一般采用探索性测试方法，减少时间成本，相较于“用例回归”，通常使用“缺陷回归”更多一些。测试的模块比例也是参考传统软件测试中的“二八原则”，在这一点上，二者没有太大区别，也就是 80%的缺陷出现在 20%的模块中，重点引导其测试这 20%的模块。

传统的回归测试中，经常使用自动化测试方法。不过，介于众包测试的优势在于大规模众包工人的发散性、探索性测试，回归众测采用自动化的模式不太可取。

所以，回归众测应该重点聚焦于众包工人的“召回”，也就是保障众包工人的留存、拉新、促活，只有“原班人马”的参与，才能保证回归测试的高效率。重视“人”这一资源，是一个众包测试平台发展的突破口，要避免出现“彭罗斯阶梯”现象。

用户留存的本质就是从减少用户流失的方向来增加用户数量，留存的意义要大得多，只有保证一定数量的留存，才有资格谈增长，且留存下来的工人，更利于开展回归测试。众包测试平台从经济和精神两个领域，以转化更多的新众包工人资源；了解众包工人所需，满足其合理需求，以降低工人的流失率。双管齐下，才能吸引、留住优质人才，才能与众包工人实现各取所需、各得其所的共赢模式，也才能保证回归众测的高质与高效。

总体上看，回归众测在整体上与传统软件测试中的回归测试相差不大，无论众包测试如何发展，总脱离不了软件测试的根本。众包测试要做的是，吸取以往的经验，根据自身的实际情况进行调整，使其更符合众包测试的类型，发挥“青出于蓝而胜于蓝”的测试效果。

本章小结

众包测试的诸多优势使其在软件测试项目中发挥出重要的作用，利用对应的优势解决相应的问题，是众包测试优于传统软件测试的经典价值体现。譬如，案例 1 中所描述的众包测试项目，就是利用了众包工人数量多的特性，该特性完美契合微信的项目需求；案例 3 中的众包测试项目，则是通过 bug 的角度讲述众包测试解决了传统软件测试中测试场景遗漏的问题。在软件测试项目的实际应用中，选择众包测试，一定是其中的某一个或某几个优势与项目需求完美契合，好比用最坚硬的矛刺最薄的盾，保证项目的万无一失，否则盲目地选择众包测试，就和传统软件测试没有实质性的区别了。

众包测试的组成部分中，众包工人是很关键的一环，工人的数量与质量都是一场软件测试项目的约束条件。从属性上讲，众包工人与开源项目中的代码贡献者类似，都拥有大量的参与人员，参与人员的贡献度也各不相同。为此，我们在本章节中讲述了一个开源项目的众包测试案例；在案例 4 中以项目为引，讲述了众包工人的重要性、众包测试招募众包工人的流程以及对众包工人招募行为的一些思考。

同时，由于众包测试与软件测试的关系，软件测试的规则、流程、标准等同样适用于众包测试，甚至可以说众包测试必须遵守这些规则等。测试模型不断演化进步的底线是不能改变围绕“质量”的中心方针。在案例 5、案例 6 中分别提到的杀虫剂悖论、回归众测对应的正是传统软件测试中的问题和规则，众包测试可以解决传统软件测试中存在的问题，也可以延续正确的规则，取其精华、去其糟粕，这就是它的精髓之处。

03

企业众包测试案例

软件测试对软件企业来说是不可或缺的，它们控制并实现软件的出口准则。众包测试的介入，为企业解决了很多难题，包括测试成本的控制、工作的效率等。众包测试公开面向互联网大众的分布式问题解决机制，有效地整合资源，完成难以单独完成的任务，例如测试环境碎片化、GUI 测试、可用性测试以及测试预言等。然而，由于测试人员和测试环境的开放性，众包测试报告质量参差不齐，多源信息呈现碎片化状态，使得开发者需要花费大量的时间来理解和审查测试报告。另一方面，企业众包测试通常为黑盒测试，测试报告包含缺陷的表象信息，无法涵盖软件源代码信息，关联软件代码是拓展众包测试报告信息外延的重要研究方向。

本章基于众包测试平台与企业间的合作案例，讲述了众包测试如何在企业中运用，以及实际发挥的效果等。

- 在案例 7 中，讲述了众包测试平台与金拱门（中国）有限公司的众测合作，解决了测试充分度不足的问题。
- 在案例 8 中，讲述了众包测试平台结合华为技术有限公司的“鲲鹏”芯片组织众包测试任务的详细过程。
- 在案例 9 中，讲述了利用众包测试平台对企业产品进行北斗打假的故事，凸显其时间、空间多样性的优势。
- 在案例 10 中，讲述了众包测试平台与信创企业的合作，表明众包测试对信创软件质量保障的高度匹配性，以及由信创测试结果反推过程的思想。
- 在案例 11 中，讲述了众包测试平台与南京维斯德软件有限公司的合作，凸现了众包测试的低成本与高效性。

案例 7 众测请你喝咖啡

咖啡、可可与茶是流行于世界的三大饮料，并且都有着深厚的历史底蕴。本案例中提到的咖啡，起源于非洲，繁盛于欧美，后逐渐成为欧美人的“续命水”。

其中，美国是每年全球最大的咖啡消耗国，不管你喜不喜欢喝咖啡，当提起“美式咖啡”的时候，你总会想起在哪里听到过这个词语，这足以证明美国人对咖啡的迷恋程度。美国人的生活是离不开咖啡的，并且形成了一种咖啡文化，甚至有人将咖啡的特质比喻成人类的性格，以苦涩比拟纯粹，既是咖啡，亦是生活。

中国同样也有自己的饮品文化，即源远流长的茶文化。随着世界的一体化发展，咖啡传入中国，并在中国的饮品文化中占有一席，获得了一众消费者的喜爱。

那么，众位读者可能会问，咖啡与众包测试有什么关系呢？

先带大家看一下咖啡产业在我国的发展势头。英敏特公司曾做过一次调查，从 2014 年至 2018 年，我国咖啡市场规模持续扩大，2018 年，我国咖啡市场规模超 2000 亿元。

数据表明，我国消费者对咖啡的需求正在增大。人们对咖啡这一舶来品有了新的认知，在我国北上广深等一线城市，咖啡正在从高端化走向生活化。特别是在近几年，互联网咖啡场景的出现，大量资本涌入进行推广，培养了一大批以年轻人为主的用户群，中国的整个咖啡市场呈现出爆炸式的增长态势，如图 3-1 所示是英敏特报告中对中国 2020 年至 2024 年中国咖啡市场销售额的预测。

面对如此巨大的蓝海市场，咖啡界寡头们闻风而动，都准备下重注猛攻市场。

其中，西式快餐霸主“麦当劳”，就决定在中国咖啡市场投入 25 亿元，打造旗下专属的咖啡品牌——McCafé（麦咖啡）。

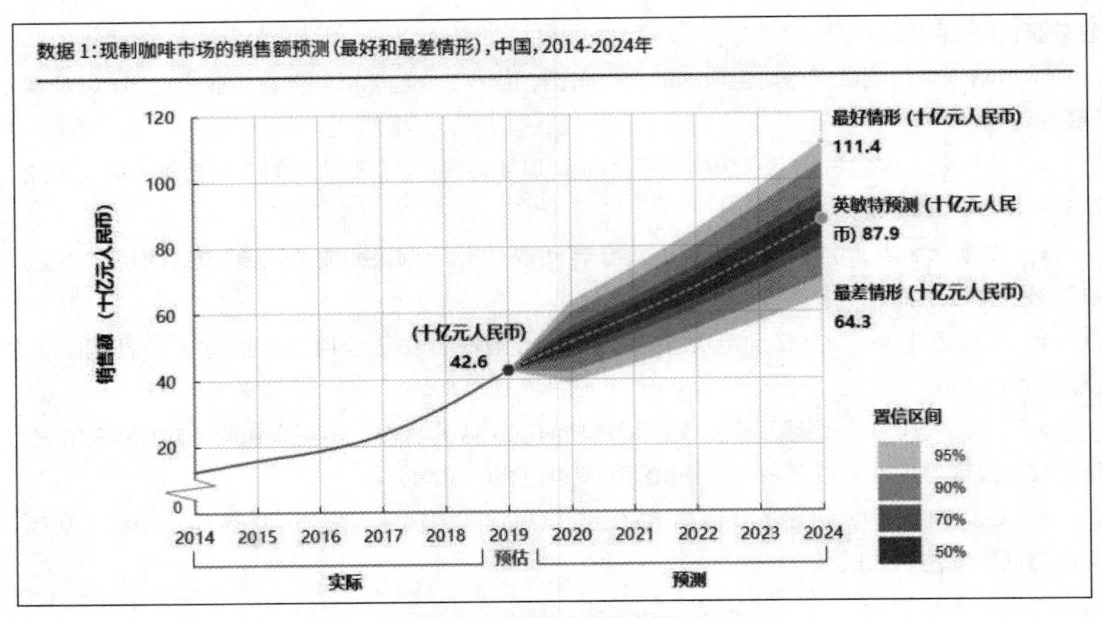

图 3-1　中国咖啡市场预测（来源于英敏特报告）

咖啡与众测的缘分，就这么开始了。

2020 年 11 月 9 日晚，笔者一行人正在与 2020 年全国大学生软件测试大赛的赞助方进行视频会议。

突然，一阵电话铃声响起。

……

来电的是麦当劳江苏市场总部信息技术及大数据部负责人汤总，来电的目的正是为了“麦咖啡”。

为了抢占市场，麦咖啡拓展了基于微信的小程序（如图 3-2 所示），供用户线上选品、下单等。但是近段时间活动上线后，每天早上，汤总都能收到几条用户反馈，小程序的一些小 bug 不断暴露出来，这让他很是烦心，想到邀请一帮做众包测试的老朋友们帮忙。

大家通过视频会议，基本了解了麦咖啡的症结所在：第三方团队质量意识不强，线上版本存在一些 bug，影响了用户的使用和体验。

原本这是很简单的事情，只需要召集一批众包工人，择期组织针对麦咖啡的众包测试任务即可。但是，根据麦咖啡用户提出的问题来看，有一部分是发生在付款阶段，目前也无法判断该类问题与付款前的操作有何关系。为此，麦咖啡一方希望在测试时直接使用线上版本，真实下单购买咖啡，覆盖全场景流程。

如果要求众包工人测试付款下单功能，就要真正花钱购买一杯咖啡，这样将大大降低众包工人的积极性；如果不测试付款下单功能，或者操作步骤到付款就停止，就无法测试到付款场景，质量仍存隐患。

图 3-2　麦咖啡小程序

软件测试，是指在软件上线前，模拟用户的操作，以检验各项功能是否正常，众包测试也是一样。在一些企业中，有时也会遇到付款类功能的测试需求，普遍采取的做法是规避这一敏感操作，或修改金额以降低风险，或减少测试次数以降低风险，这种做法很容易让 bug 钻了空子。

所以，为了保证众包测试任务的有效性，在经过一番商讨之后，决定就以线上版本为测试对象，并覆盖全部的业务场景，其中就包括付款下单功能。付款测试的方案也确定下来，既然众包工人不想花自己的钱买咖啡，那么这一次，就让众测请你喝咖啡！

众包工人在设计并执行测试时，要覆盖到付款功能，实现完整的下单流程。付款时，先行垫付费用，待测试结束后，任务组织方将根据凭证予以报销。

试想一下，如果在测试过程中购买了一杯外送咖啡，有可能测试任务还未结束，外送咖啡就已经到了，工人一边喝着免费咖啡，一边做着测试，这将是一场香浓惬意的众测任务。

众测请大家喝咖啡的通知发布之后，立刻吸引了大家的目光，在平台的论坛里，也引起了大面积的讨论，大家纷纷表示要来喝咖啡。在大家的嬉笑之余，平台也强调了任务的严谨性，要求众包工人放眼全局，综合设计测试方法，对只抱有“薅羊毛”心态的参与者给予一定惩罚。最终，有 258 人通过了报名，获得了免费喝咖啡的资格。

到了众测任务时间，众包工人一拥而上。从后台数据看，有 95%的人选择了率先测试付款下单功能，先给自己买了一杯咖啡，也是让人忍俊不禁。从图 3-3 中也可以看出，与付款相关功能的步骤分解均值最大。

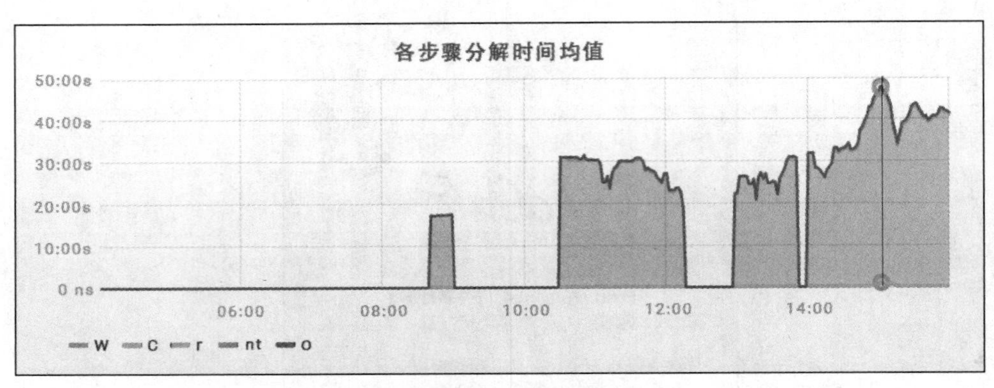

图 3-3　各步骤分解时间均值

起初，平台方也曾担心众包工人买完咖啡就不继续认真测试或者只完成购买咖啡的功能模块，不过在最后的缺陷整编阶段，众包工人提交的缺陷报告数据证明了绝大部分众包工人还是认真完成了测试任务。

如图 3-4 和图 3-5 所示，在整编后的 73 份有效 bug 报告里，功能问题占据主要部分，约占 64%；其次是用户体验问题，约占 15%；其余分别是 UI、性能、安全相关方面的缺陷。所有的 bug 中，大多数是一般性的问题，约占 83%；占据第二位的是级别较轻的 bug，约占 14%；其余分别为严重、紧急、待定状态。

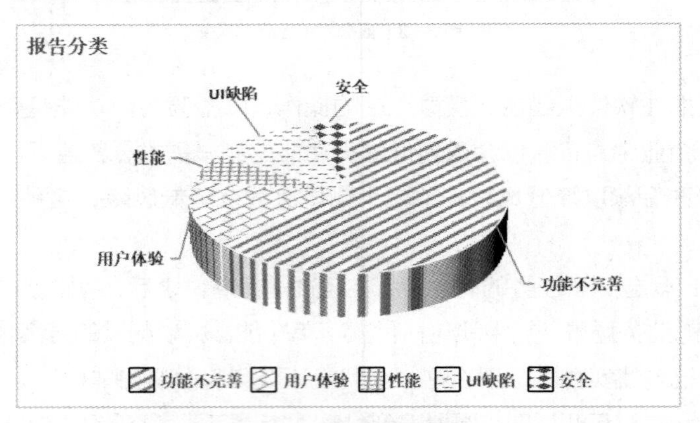

图 3-4　报告分类扇形图

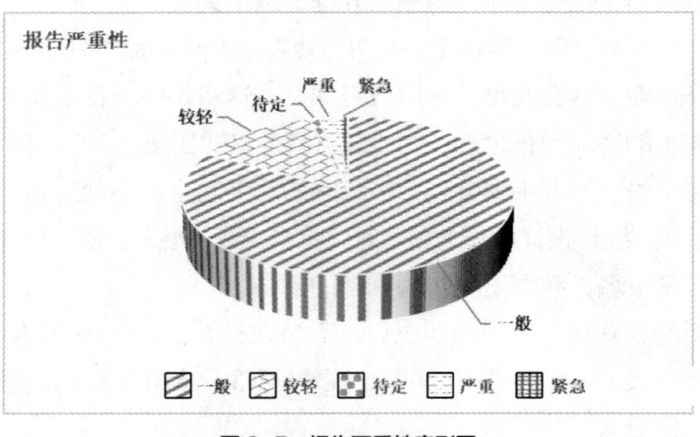

图 3-5　报告严重性扇形图

比较令人关注的是，花了真金白银购买的咖啡，到底有没有测试出问题来？

答案是肯定的。

如图 3-6 所示，该名众包工人在操作时，发现通过购物车付款时“去支付”的按钮置灰显示，无法点击，且该问题并非必现。从问题的现象说明，此处的业务逻辑可能存在嵌套缺陷，需要进一步定位。这只是付款相关缺陷中的一个示例，所有的缺陷报告最终都进行了交付，由麦咖啡方的研发人员负责定位修复。

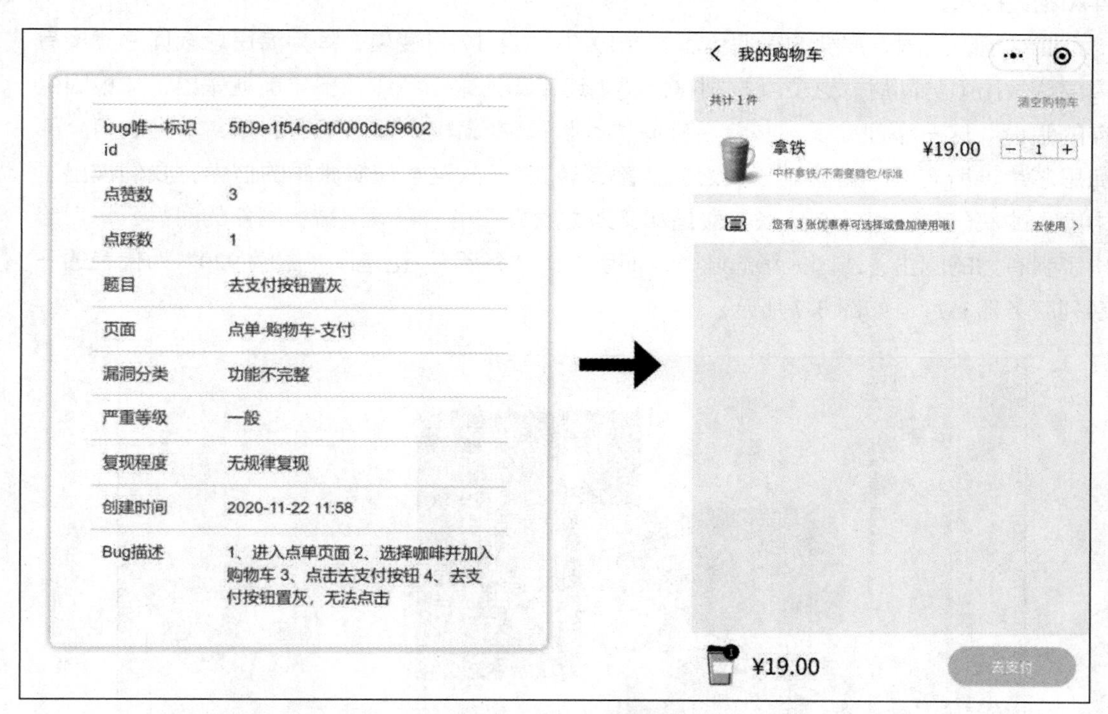

图 3-6　付款 bug 报告示例

任务结束后，平台方联系相关的众包工人，依据消费凭证进行报销工作。

其实，参与众包测试本就是有薪酬的，像这次任务中，请喝咖啡只是在原有薪酬的基础上额外赠送的福利，众包工人依然能够按照原有的规则去获得相应薪酬。

与以往不同的是，这种额外福利，让众包工人更加有参与感与获得感。与麦咖啡方的人相比，结合完整的测试流程，其实是众包工人所希望的。参与任务的过程中，众包工人是怀着“找到尽可能多的 bug”的心态，如果在付款操作前终止测试，对众包工人来说，会感受到一种挫败感。

这是众包测试产业与传统餐饮业跨界合作的一次典型案例。在未来，必然会有越来越多的传统行业向互联网方向转型，由纯线下经营模式转向“线下+线上”的双轨道发展。如何预防生产事故的发生，以坚不可摧的线上质量提高品牌声誉，打好持久服务战呢？这次的案例或许可以给传统行业的从业人员一些启发。

下一次请你喝什么呢？我们拭目以待。

案例 8 “鲲鹏”芯片掀起众测革命

2019 年 5 月 16 日，在毫无依据的情况下，华为被美国工业和安全局（Bureau of Industry and Security，BIS）列入所谓的“实体清单”，未经过其允许，华为禁止从美国企业获得元器件和相关技术。

面对超级大国赤裸裸的无理打压，2019 年 5 月 17 日凌晨，华为海思总裁何庭波撰写内部信做出强势回应。这位女掌门在信中阐述了华为未雨绸缪，多年前就做出了“极限生存的假设”这一心理准备，并着手打造“备胎”，在霸权大锤落下的时刻，华为启用全部海思芯片，所有的“备胎”一夜之间全部“转正”。从这封慷慨激昂的信中，我们读出了中国人的底气与傲气，心头虽有酸楚却又为之欣喜，当“咽喉”被扼制住的时候，华为给出了强有力的回击，让国人扬眉吐气。而所谓的“备胎”，正是以“鲲鹏 920”为代表的一系列服务器芯片，如图 3-7 所示。

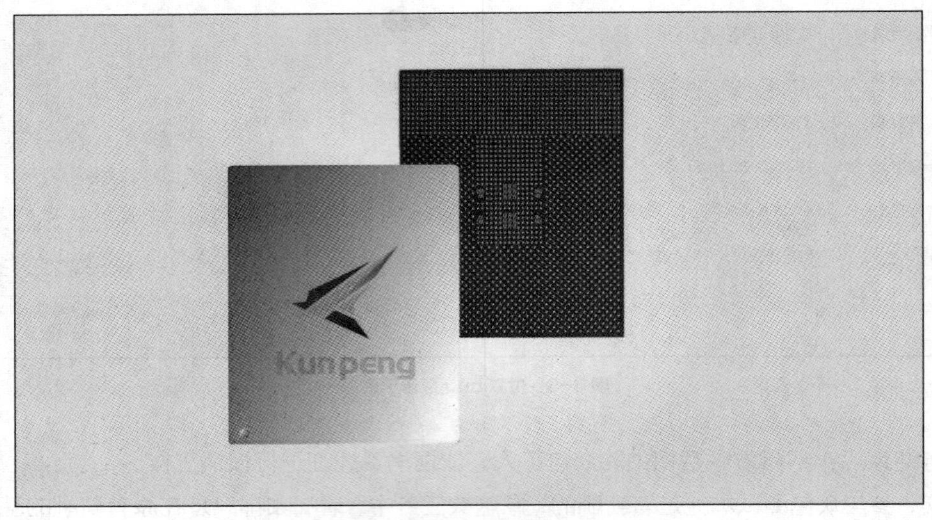

图 3-7 “鲲鹏”芯片示意图

“北冥有鱼，其名为鲲。鲲之大，不知其几千里也；化而为鸟，其名为鹏。鹏之背，不知其几千里也；怒而飞，其翼若垂天之云。”这些诗句出自先秦庄周的《逍遥游》，也是“鲲鹏”芯片命名的出处。取名“鲲鹏”，既寓意志趣高远，又剑指庞大的生态建设。

“生态”这一概念来源于生物学，小到一汪池塘，大到一片海洋，都是由不同种类的生物群和它们的生活环境组成的，在相互依赖与抗衡中，逐渐形成一种相对稳定的平衡状态。“鲲鹏”的宏愿亦是如此，它并不只是一颗芯片，还代表了在未来以“鲲鹏”为中心的生态系统——一个贯穿整个 IT 基础设施及上游行业应用的产业生态，如服务器、操作系统、数据库、中间件、云服务、应用软件等。生态建设路漫漫，不是一朝一夕就能完成的，目前是初具雏形。

细分生态，可分为南向生态与北向生态。前者一般指硬件，后者指软件。

无论是南向生态，还是北向生态，在其推进的道路上，生态质量是不能忽视的环节，“备胎”转正，一定要转得漂亮，拥有和“主胎”抗衡的质量。

在之后的时间里，美国连续对华为出击，开启了全方位的打压，试图阻断华为的生存之路。

在这个“自古英雄多磨难”的环境下，作为一名中国人，我们更希望看到华为经受住打压持续前进；作为软件测试从业者，也更希望看到“鲲鹏生态”高质量的扩展。

生态建设的过程，需要大家一起参与进来。在 2020 年 6 月，我们结合平台自身的优势，决定举办以“鲲鹏生态”为主题的北向生态线上功能众测任务，鼓励更多的开发者、测试者参与到生态建设中去。

为了组织好这次的众测任务，我们专门抽出 10 个人，组成“鲲鹏专项委员会”，负责任务的各项组织工作，包括服务器的筛选、测试目标的部署、主题的构建、任务的时间点安排等。

比赛的“主人公”是“鲲鹏”，在参考了多款云服务器的指标后，我们选取了搭载“鲲鹏920”处理器的通用计算增强型 KC1 云服务器，如图 3-8 所示。

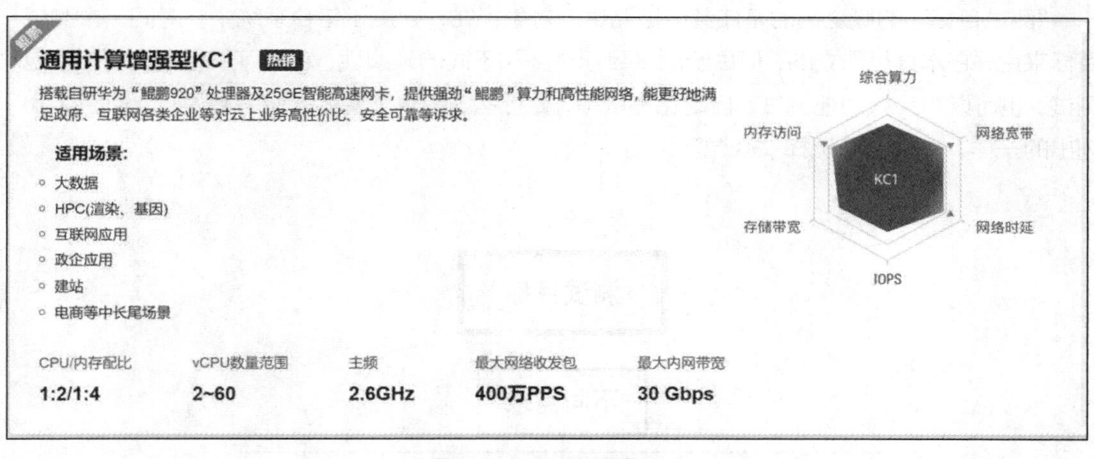

图 3-8　KC1 型云服务器

测试目标选用了 Web 系统，直接在 KC1 服务器上进行靶机部署，并进行了基础性的测试，确保靶机正常运转，不会影响到众测任务的正常使用。待测 Web 系统的业务功能，由参加任务的工人去测试，包括这套 Web 系统在“鲲鹏”芯片上运行的效率、功能的正常使用以及系统的兼容性等。

之后，“鲲鹏专项委员会”在众包测试平台创建测试目标，页面如图 3-9 所示。这里给大家介绍一下众测任务的创建过程。

众测任务包括测试目标和任务试题。

在测试平台上，Web 类型的测试目标创建过程较为简单，重点部分是 URL 地址的上传，其余部分属于测试目标的基本信息，如实填写即可。

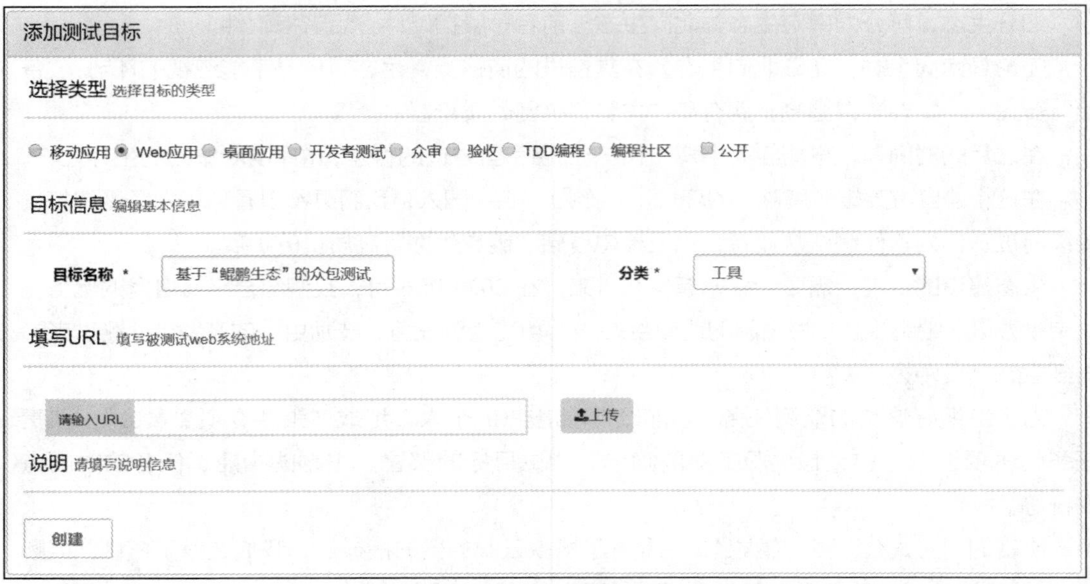

添加测试目标
选择类型 选择目标的类型
移动应用
Web应用
桌面应用
开发者测试
众审
验收
TDD编程
编程社区
公开
目标信息 编辑基本信息
目标名称 *
基于“鲲鹏生态”的众包测试
分类 *
工具
填写URL 填写被测试web系统地址
请输入URL
上传
说明 请填写说明信息
创建

图 3-9 创建测试目标

“测试目标”的概念指的是任务中被测试的对象。在众包测试平台系统中，对同一个测试目标来说，它本身是独立的，但由于测试目标有多种不同的延展性，它既可以用来做功能众包测试，也可以用来做功能测试、自动化测试等。做什么，取决于具体的业务需求，就像图 3-10 列出的一样，本次任务选择“众包测试”。

测试目标
不同需求
①众包测试
②性能测试
③安全测试
④自动化测试
⑤其他

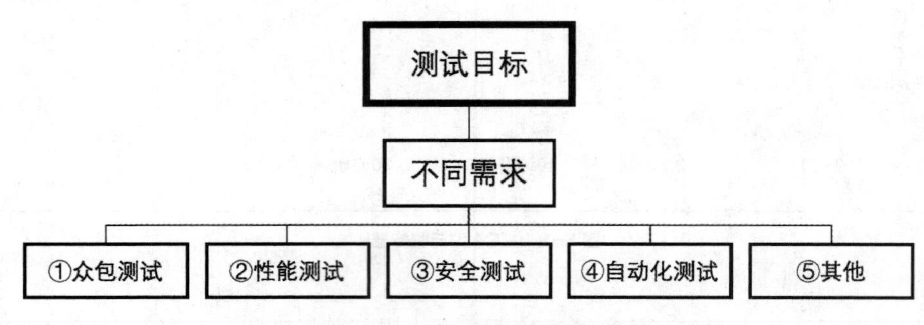

图 3-10 测试目标需求转化示意图

上述测试目标的创建，只是完成了第一步。接下来，还要将测试目标转化为具体的众包测试任务试题。添加任务试题的操作页面如图 3-11 所示。除了基本的任务试题信息外，试题还应包括公开状态、试题难度、上传需求、上传页面结构等重要选项。

任务试题在比赛开始前属于“私有”状态，也就是不对外公开，除了平台方，其他人是没有权限查看的，这样可以确保测试任务不失密、不泄密。根据当期任务场次的难度，确定任务难度等级，从零星到五星，代表了试题的难度依次递增；当任务类型选择“众包测试”时，程序逻辑就会自动跳转，弹出具有“上传需求”和“上传页面结构”选项的界面。

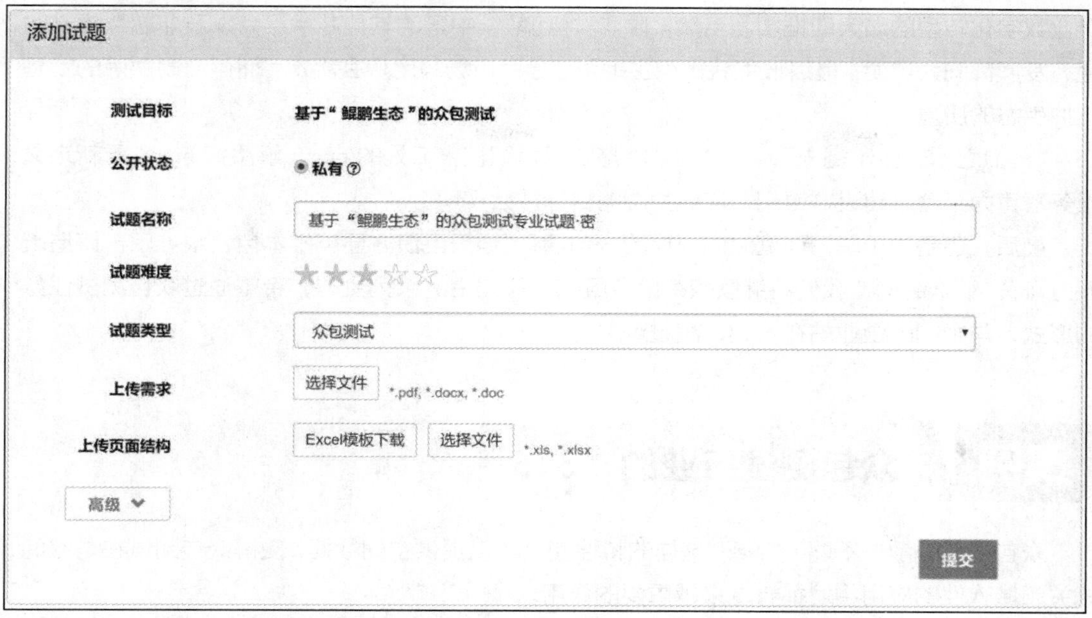

添加试题

测试目标 基于“鲲鹏生态”的众包测试

公开状态 私有

试题名称 基于“鲲鹏生态”的众包测试专业试题·密

试题难度

试题类型 众包测试

上传需求 选择文件 *.pdf, *.docx, *.doc

上传页面结构 Excel模板下载 选择文件 *.xls, *.xlsx

高级

提交

图 3-11 添加任务试题

“上传需求”和“上传页面结构”这两项都是众测任务中的重要组成部分。“上传需求”指的是上传众包测试需求文档，文档里包含本次众包测试的具体要求、待测 Web 系统的功能介绍、任务规则等。像登录 Web 系统的账号密码、测试要覆盖哪些范围等，都会在该文档中详细阐述的。上传的“页面结构”就是分解被测试系统的所有页面，让选手快速了解系统，也方便众测选手提交 bug 时的模块定位。

全部设置完毕后进行提交，这样，一道完整的众包测试任务就封存库中，准备完毕。

由于众包工人的位置呈“分布式”，众包测试平台给出的任务信息一定要最大化地让网络另一端的工人去了解待测对象，而且是快速地了解。在这样大规模的众包测试任务中，任务信息丰富度的重要性不言而喻。换句话说，任务内容的定位、生产、组织都要以众包测试参与者为中心展开，内容的优先级高于一切。

最终，“鲲鹏专项委员会”辛苦准备的任务没有白费，当期任务吸引了 400 多名选手参加。

在 400 多名参赛选手中，除了来自全国各高校的在校生外，还包括一些企业界的工程师。令人值得玩味的是，最终成绩排名前五的选手，全部来自高校。这也留给大家一个思考，校企之间在理论与实践方面有着不同的侧重点，但某一方在对方擅长的领域表现突出，这是偶然事件，还是有其必然因素呢？

再说回“鲲鹏生态”的众测，从长远来看，“鲲鹏生态”是一个交互的过程，只有越来越多的软件运行在“鲲鹏”处理器上，才能发现更多的问题，更好地推动“鲲鹏”处理器的进步。只有“鲲鹏”处理器的各项功能不断改进和提高，才会有更多的生态建设者跟进。众包测试平台在整个过程中的“监工”作用一定要放大，建立工人反馈环。反馈环不仅要在应用软件层，还要努力纵深到硬件层，更要延伸到生态链的每一环节。

“鲲鹏生态”做大做强，是世界大环境下的必然趋势，也是计算架构改革之需，更是中国企业数字化转型的最大助推剂。当然，除了“鲲鹏”，中国的其他芯片厂商以及非芯片领域的生态发展都同为重要，最终谁能获得霸主地位，是由市场与用户去决定，而厂商要做好的就是维护生态的质量。

“合抱之木，生于毫末”，众包测试就是要寻找细枝末节处的 bug、解决掉 bug，重新定义服务器算力平台、建设“鲲鹏”产业生态的目标才会实现。

最后，还是引用华为何庭波内部信的一句话：“滔天巨浪方显英雄本色，艰难困苦铸造诺亚方舟”，艰难时刻，我们将继续跟踪以“鲲鹏”等为主的系列生态，希望通过众包测试任务的形式，与中国的企业站在一起，渡过难关。

案例 9　众包测试行业的“315”

众包工人分散在不同的地域，这样的特性使其可以提供空间数据，使得众包测试在与空间相关领域软件的应用中发挥着越来越重要的作用。

2020 年 6 月，我们举办了一场基于北斗卫星导航系统的“北斗众测打假”测评比赛，揭露了一批虚假宣传“支持北斗导航系统”的手机设备厂商，而之所以决定举办这样的一场比赛，源自一个真实的故事。

我们先来了解一下什么是北斗卫星导航系统。北斗卫星导航系统（以下简称北斗系统，见图 3-12）是我国着眼于国家安全和经济社会发展的需要，自主建设运行的全球卫星导航系统，是为全球用户提供全天候、全天时、高精度的定位、导航和授时服务的国家重要基础设施。

图 3-12　北斗卫星导航系统标识

目前全球有四大导航系统：中国的北斗卫星导航系统、美国的全球定位系统（Global Positioning System，GPS）、欧洲的伽利略卫星导航系统和俄罗斯的格洛纳斯卫星导航系统（Global Navigation Satellite System，GLONASS）。我国的北斗导航卫星系统是从 20 世纪后期开始研发的，坚持“自主、开放、兼容、渐进”的原则，定下了三步走的战略目标：到 2000 年年底，建成北斗一号系统，面向中国提供服务；到 2012 年年底，建成北斗二号系统，面向亚太地区提供服务；2020 年，建成北斗三号系统，面向全球提供服务。

导航卫星的出现，确实给我们的生活带来了极大的便利。想去哪，只要在手机导航软件中输入目的地，无论你是开车，还是骑行、步行，导航总能为你避开拥堵路段，推荐最优路径，相信它已经成为大家出行不可或缺的帮手了。这些导航软件本身是不具备定位功能的，真正具备定位功能的是你的手机，它通过接收导航卫星信号来确定你的位置。

作为一个“后起之秀”，北斗系统的人气在近些年非常高，支持北斗系统的手机也受到大家追捧，毕竟自己家的孩子怎么看都好看啊！

这不，在江苏省科技大厦的某一公司内，一位同事小孙正在炫耀他刚买的国产手机：“我这手机，可是支持北斗导航的，北斗你们知道吗，咱自己的导航卫星哎！”

坐在他旁边的女同事小许说：“没听过，不就是 GPS 嘛？”

“不对不对，北斗是我们国家自己研发的，GPS 是其他国家的。”同事小董也围了过来。

“那怎么证明这个手机支持北斗呢？”小许有点疑惑。

“额，这个，官网上说的是支持啊。”小孙回答道。

“手机应用市场里有很多款 App，可以显示搜索到的卫星信号。”小董说，“你安装一款，看一下可不可以搜到北斗卫星的信号。”

“我来试试。”小孙边说边开始下载。

很快，小孙就安装好并打开了一款 App，来到窗边，开始搜索卫星信号，不过结果让大伙大吃一惊，小孙的手机居然搜不到北斗导航卫星的信号，只能搜索到 GPS 和 GLONASS 的信号，场面一度十分尴尬。

随后，小孙又安装了几个可以搜索卫星信号的 App，结果都显示不支持北斗系统，看来遇到了虚假宣传。图 3-13 所示的就是小孙的手机软件界面截图，BDS 为灰色，即代表未搜索到北斗导航卫星信号。

“你应该是碰到假商家了，官方对外宣称支持北斗系统，实际却不支持，这是典型的蹭北斗热度。”我走过去，继续说道，“不过你倒是给了我一个灵感。”

“什么灵感？”小孙哭丧着脸问道。

“目前，市面上的很多手机厂商都声称已支持北斗卫星导航，但现在看来，有部分手机厂商虚假宣传，制造噱头，再加上大部分消费者不会去关心或者不懂得去辨别设备是否真的支持北斗系统，这就造成了现在市场上鱼目混珠的情况。我们可以举办一场‘北斗众测打假’测评比赛，通过空间众包的力量，让大家把那些做虚假宣传的手机厂商揪出来，曝光他们。”

“这个想法简直太棒了，我首先举报我这款手机的厂商。”小孙委屈巴巴地说道。

“哈哈哈……”在大家同情又关心的笑声中，“北斗众测打假”测评比赛正式开始筹备。

空间众包测试中，任务与众包工人之间的契合度非常重要。每一位工人需要得到与其位置匹配的任务，使众包工人和任务之间的加权值最大化。

本次任务分为离线任务（离线场景）和在线任务（在线场景）。离线任务采用加权二部匹配方法；在线任务中，工人的空间位置和任务状态是不可知的，任务采用双边在线匹配算法。

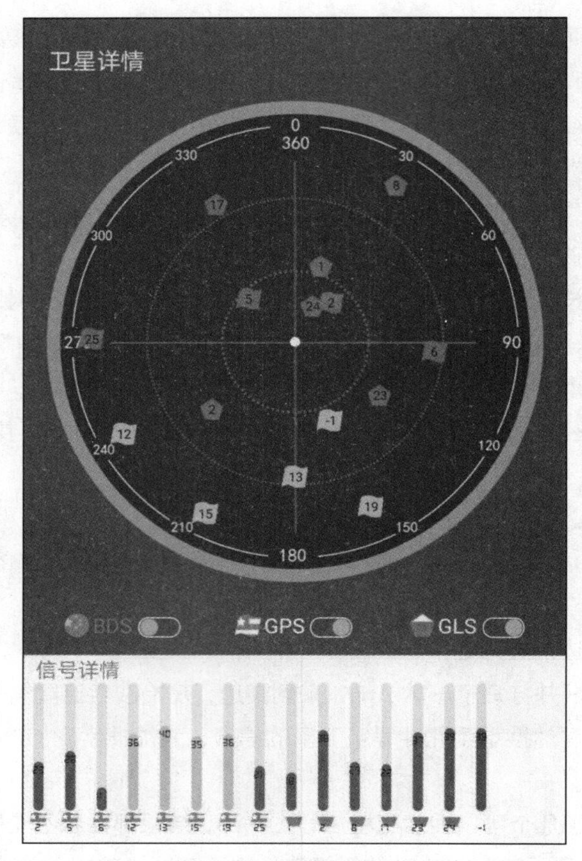

图 3-13　卫星信号图（一）

离线任务主要是解决手机的问题，这里就不再赘述，因为采用众包测试的目的就是为了直接使用众包工人的个人手机作为众测对象，以便覆盖尽可能多的手机品牌、机型等。另外，一定会存在众包工人的手机相同的情况，该情况也并不冗余，正好将其作为对比项，在评审阶段作为参考。

然后，就是动态任务的设定。打假需要选择一款可以显示卫星信号的 App，在与相关软件厂商沟通后，我们最终选定了一款卫星信号识别软件。

比赛的方案是众包工人安装平台方准备的卫星识别 App，分别在室内及室外宽阔地带搜索卫星信号。室内与室外的具体环境由众包工人自行设计，室内包括卧室、客厅、阳台、地下室、顶楼室内等，室外则可以选择街道、小区内、市中心、远郊、河流边、山野地等。

众包工人将搜索卫星信号结果的界面截图提交至平台作为判定依据，同时详细记录该结果对应的测试环境。如图 3-14 所示，如果手机可以搜索到 3 号和 19 号 BDS 信号，就证明是支持北斗系统的。

拿到测试数据后，每位众包工人需要通过官网、应用市场、致电厂商等方式，与手机厂商确认对应手机是否支持北斗系统，并将该信息一并提交至平台。

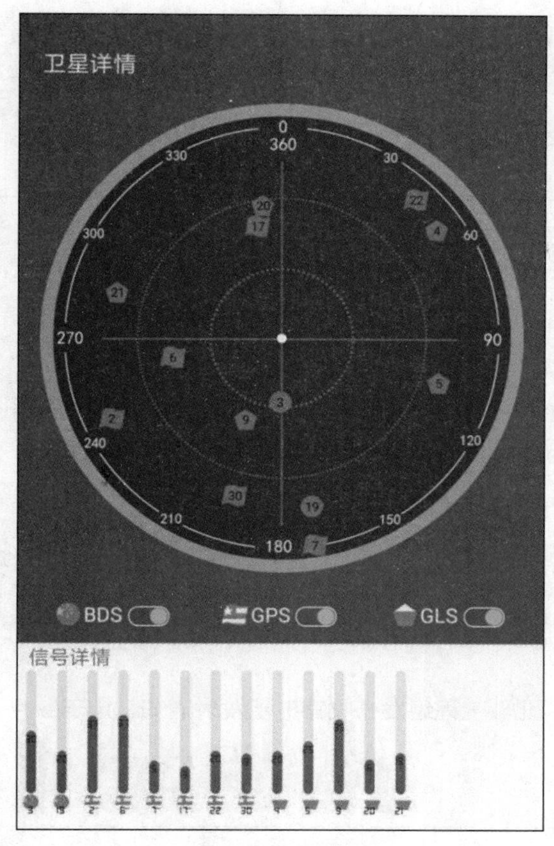

图 3-14　卫星信号图（二）

最后，众包工人将上述操作产生的结果数据进行汇总，提交至平台供平台专家进行整理与审核，结果提交页面如图 3-15 所示。

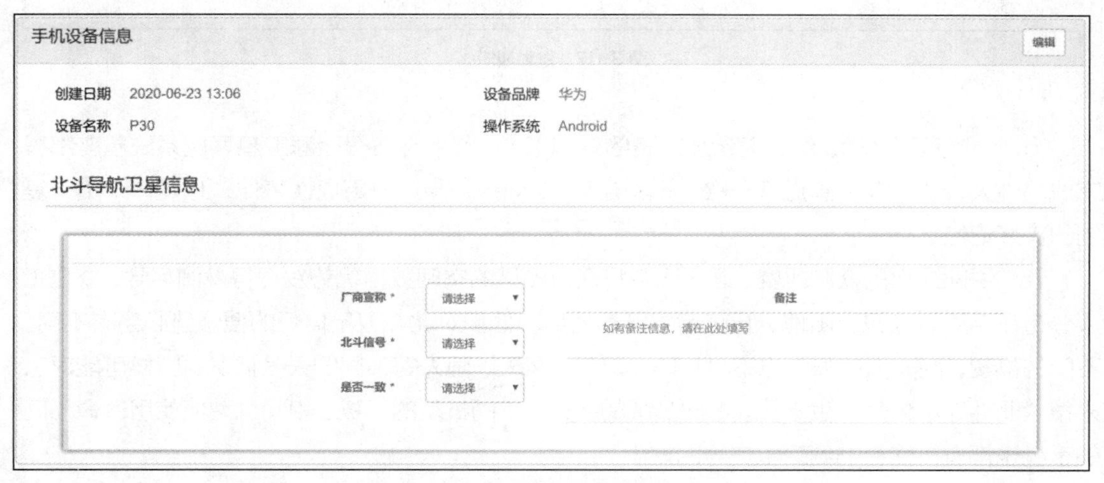

图 3-15　众测结果提交页面

无巧不成书的是，我们的打假比赛与北斗收官卫星发射的日期“撞”了。

2020 年 6 月 19 日，“北斗众测打假”测评比赛发布报名通知，定于 6 月 23 日比赛，比赛通知如图 3-16 所示。

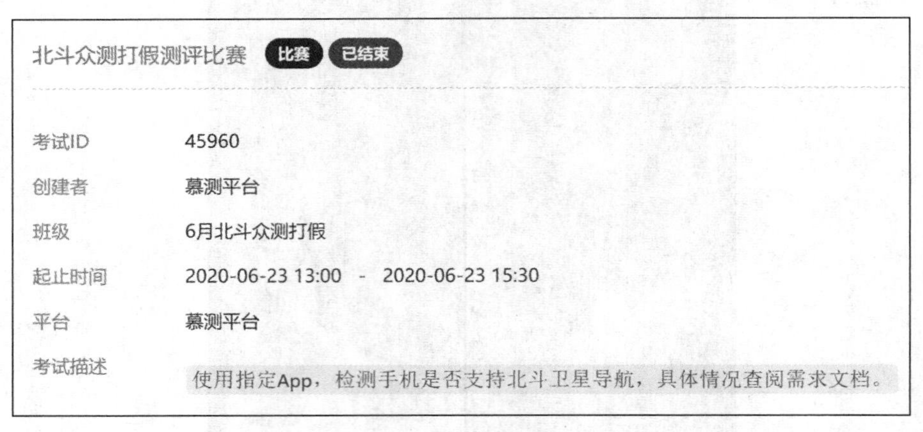

北斗众测打假测评比赛 比赛 已结束

考试ID	45960
创建者	慕测平台
班级	6月北斗众测打假
起止时间	2020-06-23 13:00 - 2020-06-23 15:30
平台	慕测平台
考试描述	使用指定App，检测手机是否支持北斗卫星导航，具体情况查阅需求文档。

图 3-16 比赛通知

2020 年 6 月 22 日，北斗工程组发布收官卫星发射通知，定于 6 月 23 日发射，发射通知如图 3-17 所示。

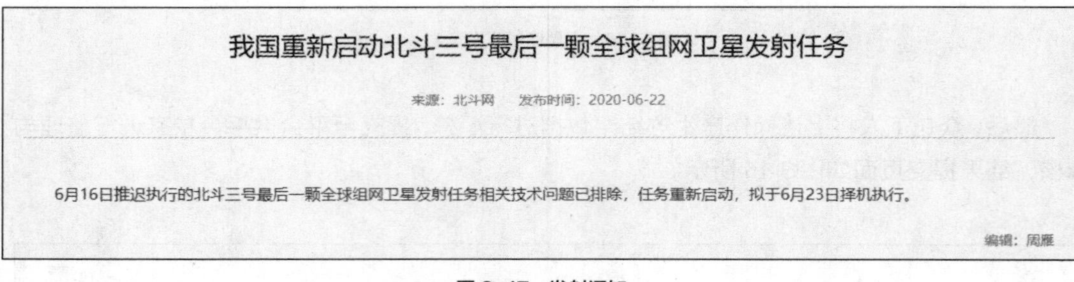

我国重新启动北斗三号最后一颗全球组网卫星发射任务

来源：北斗网 发布时间：2020-06-22

6月16日推迟执行的北斗三号最后一颗全球组网卫星发射任务相关技术问题已排除，任务重新启动，拟于6月23日择机执行。

编辑：周雁

图 3-17 发射通知

当然，这是题外话，但当天参加比赛的众包工人，在北斗三号全球卫星导航系统星座部署完成的当天，与北斗卫星进行一次“远程连接”，间接参与这一历史性事件，也是一个不可复制的美好记忆。

我们说回这次的众测比赛，这次比赛将众包测试的空间数据优势发挥得淋漓尽致，众包工人分布在平原、高原、山地、丘陵等不同的地形，他们对北斗卫星信号的搜索势必会有不同。不同的位置，同一天的天气也不尽相同，阴天、晴天、雨天等不同的天气情况，同样可能对工人搜索北斗卫星信号产生干扰。不同品牌的手机、不同机型的手机、相同机型但使用寿命不同的手机也都有可能影响到卫星信号的搜索。

在审核阶段，也证实了上面的推论。同款手机，有的工人提交了“支持北斗”的测试结果，有的工人提交了“不支持北斗”的测试结果。

其中，有一位在新疆塔城的李姓工人，在比赛时没有搜索到北斗卫星信号，但是在内蒙古的工人使用同款手机，却搜索到了北斗卫星信号。这就是空间位置导致的设备偏差，如果不能覆盖到类似这样的场景，那么空间测试数据就达不到合格的测试饱和度。

最终，“北斗众测打假”测评比赛共汇集到 500 多条有效数据，主流手机厂商覆盖率接近 95%。审核过后，涉及虚假宣传的主流手机厂商寥寥无几，存在问题的大多是小厂商、山寨机。不过“数据上墙”是少不了的，所有涉及虚假宣传的厂商及手机机型等信息都在官网公布出来。

本次众包测试的“功臣”们，也得到了空间众包测试的额外奖励。空间众包测试执行动态任务，从表层上讲，通常都需要众包工人在空间位置上发生移动，也是体力劳动。移动的距离可以从报告数据中体现，或者开设申报通道，让众包工人主动提交数据，众包测试平台负责审核。

跨空间性是众包测试的一大特点。软件的尽头是人，人处在不同的地域位置，那么软件也同样“四海为家”。众包工人脱离地域的束缚，尤其是对软件某些特定需求，以及对地理位置需求敏感的项目是有百利而无一害。不过，由于测试过程中空间位置的暴露，众包测试平台应当注意保护众包工人的位置隐私，建立特定的索引结构，满足不同维度的隐私保护。

空间众包测试任务，很好地利用了众包工人不同的空间数据，传统软件测试最多只能模拟位置信息，而无法与空间众包这样真实的数据相媲美。位置、移动性和相关上下文信息等空间数据在测试中发挥着关键作用，这完全是一种范式转变。对这种基于时空约束的质量控制，要确保时空的多样性，来最大化提升测试结果的质量。

众测，取之于众，用之于众。这场打假就像软件测试行业里的“315”行动，借助众测平台，汇聚大众的力量打击虚假行为。“打假”也会成为众包测试的附属价值，在推广众包测试以及标准规范等方面都将成为一股强劲的推力。在众包测试的后期发展中，“打假”也将成为一系列 IP，并逐步渗透到物联网领域，夯实软件“质检员”的地位。

案例 10 做信创产业的守护者

什么是“信创”？

很多读者是第一次听到这个词。

“信创”的全称是“信息技术应用创新”，来源于 2016 年由 24 家从事软硬件关键技术研究、应用和服务的单位成立的“信息技术应用创新工作委员会”。

过去的一段时期里，国外的 IT 巨头基本垄断了底层架构、核心产品、生态链、软件标准等关键技术，给我们的国家安全带来了巨大的隐患。“科学技术是第一生产力”，建立属于我们自己的 IT 底层架构、产业标准以及自有生态变得极为重要，在这样的背景下，信创产业应运而生。

信创产业是一个全新的产业，有着庞大的市场。信创产业旨在实现全流程的变革，从底层服务器芯片、操作系统，到数据库、中间件，再到上游的应用软件，牵引上/下游软/硬件合作，以实现全流程的国产替代。这也是网络安全的根基所在，特别是在2020年“新基建”的全面推动下，社会上开始涌现出大量的信创项目，信创产业全面开花，出现了一个现象级的风口。

信创产业庞大，主要由以下几条分支组成：

- IT底层硬件设施：服务器、芯片、交换机、路由器等。
- 基础软件：操作系统、数据库、中间件等。
- 应用软件：办公套件、电子签章、学习平台等。
- 信息安全：网络安全、终端安全、安全支撑工具等。

目前，芯片的研制是信创产业发展道路上的难题，作为信息产业的基石，其关键性不言而喻。像以英特尔为代表的X86架构芯片，具有非常成熟的技术理论与生产经验，其产品销往全球，影响着你我的工作生活。但是，由于其技术壁垒最高、垄断性最强，加上我国研制芯片起步较晚，导致我们与国外仍有不小的差距，需要花费较多的时间与精力去提升。虽然困难重重，但目前我国也涌现出一批在芯片自主研发道路上开拓前行的企业，包括基于Arm架构的天津飞腾、华为“鲲鹏”，基于X86的天津海光，以及龙芯、兆芯、申威等，这些国产处理器芯片研发的主要参与者，在各自的研究中都取得了一定的成绩。

操作系统与芯片紧密相邻，又承载着上层应用软件，扮演着承上启下的角色。比如，全球通用的Windows、Linux等。在国产操作系统方面，大多是基于Linux系统内核进行的二次开发，比如统信、麒麟系列等。

CPU和操作系统的研发是非常困难的，有人曾这样比喻：制造通用CPU的难度堪比攀登珠穆朗玛峰，开发操作系统的难度就像探索马里亚纳海沟。

尽管难如登天，仍有一部分企业前行在披荆斩棘的路上。其中，统信操作系统（UOS）就获得了大家的一致好评，被中国工程院院士倪光南称赞为“代表了我国目前自研操作系统的最高水平”。

在信创产业的发展中，操作系统技术的更新迭代是迅速的，以UOS为例，倪光南院士曾表示：“从目前来讲，自研操作系统在交互体验、界面设计、安全性、稳定性等方面，已经不输给Windows系统。但生态是短板，生态的建立是一个漫长的过程，这牵扯到上下游厂商的战略布局、研发投入等诸多问题。”而组成操作系统生态的很大一部分，就是基于操作系统的上层应用软件。

总览信创产业的整个链条，目前每个环节都有一批优秀的企业代表，这为我国信创产业的发展带来希望的同时，也给国产的应用软件出了难题，其中一个难题就是适配性。要兼容哪一款CPU，使用哪一款数据库，应用软件如何移植到国产操作系统上，移植后软件功能是否能够正常使用，是否能够兼容历史数据，如何管控版本迭代间的稳定兼容性等，都会增加应用软件的开发工作量，或者影响到软件质量。

要想解决这些难题，就需要测试的介入。信创产业要进行全产业链的国产替代，开发工作量巨大。同理，测试工作量也是如此，我们可以将信创产业中的软件测试称为“信创测试”。在众多测试模型中，众包测试可以快速高效地“蚕食”这些工作，是信创测试的最佳选择。

为了保障国产应用软件的质量，同时守护信创产业的发展，我们决定将众包测试应用到信创测试的实战中去。

2020 年 10 月，一场信创众测任务悄然拉开帷幕。

在准备该众包测试任务时，为了更好地了解信创的前沿状况、设计出更佳的众测方案，我们一行人于 2020 年 8 月前往北京 UOS 研发总部进行学习交流。

在交流的过程中我们收获甚多，不仅了解到目前信创产业已经开始从“从无到有”转向“从有到好”的发展，同时也体会到 UOS 从启蒙阶段到发展阶段，再到如今的壮大阶段的艰辛。为了支持我们的信创众测任务，统信一方决定提供 UOS 的最新内测镜像。我们此行已经勾勒出信创众测任务的初步方案。

在统信，我们了解到，UOS 桌面版兼容 X86、Arm 等芯片，这就解决了组织信创众测任务的一个难题。因为信创是一条完整的产业链，众包工人人手一套国产设备是不现实的，如果操作系统选用 UOS 桌面版，那么众包工人只要选用 X86 架构的硬件设备就可以了。

将 UOS 内测版本安装在 X86 架构的设备上，或者在 X86 架构设备上安装虚拟机，再在虚拟机上加载 UOS 镜像，即可打开 UOS 桌面版系统。

此外，信创众测的被测试对象可以从 UOS 生态适配清单（见图 3-18）里选择。

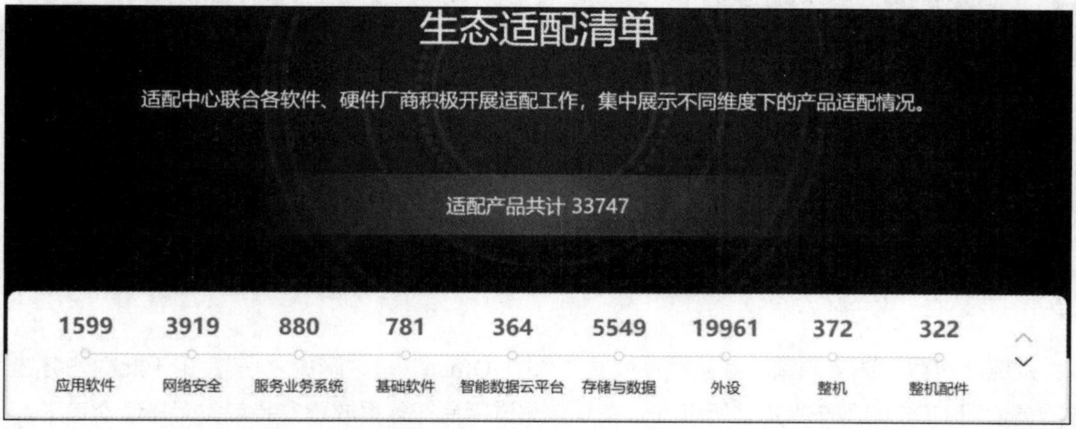

图 3-18　UOS 生态适配清单

最终，敲定办公软件“永中 Office”作为被测试的对象。

说到底，信创软件终究也是软件，为了让众包工人打开测试的思路，找到针对信创软件的测试方法，在公布报名信息的时候，我们详细介绍了信创产业，并公布了部分开展信创测试的角度。这里挑选其中的 3 条进行展示：

- 适配性。提示：Word、Excel、PPT 等历史文档能否在“永中 Office”中打开使用等。
- 功能性。提示：创建不同类型的新文档并测试编辑、保存等功能是否可用等。
- 信创性。提示：是真的信创，而不是套壳软件等。

为了节省众包工人的时间，在任务开始前搭建好 UOS 系统环境，一起给出的还有虚拟机安装加载 UOS 镜像的方法。

在任务结束后，我们发现所有的众包工人采取的都是在虚拟机上安装 UOS 系统，而不是在物理机上安装。这也体现出，众包测试平台在开展众包测试任务时，一定要考虑好众包工人的实际情况，提高方案的完备性，为众包工人提供最大的便利。

在虚拟机上搭建好 UOS 的系统环境并启动后，众包工人就可以熟悉 UOS 的使用，如图 3-19 所示为 UOS 系统界面。如果你使用过 Deepin 操作系统，那么你对图 3-19 一定不会陌生，因为 UOS 就是来源于 Deepin，后者是开源属性，当 Deepin 上的某些功能成熟之后，将转移到 UOS 进行规划。

图 3-19 UOS 系统界面

众测的对象，选择的国产办公软件领域“永中 Office”是“国货之光”。由于此次任务选取的是适配 UOS 的国产版本，所以并未在众包测试平台任务页放置安装包，而是让众包工人自行在 UOS 系统应用商店下载安装，“永中 Office”安装示意图如图 3-20 所示。

搜索最新版本安装完成后，“永中 Office”会根据不同的文件类型进行区分。这就是此次信创众测任务环境，众包工人要使用同样的操作系统和应用软件。

信创众测任务时长定为 3 个小时，共有 195 名众包工人参加，提交缺陷报告 417 份（树状缺陷报告 82 份+单一状缺陷报告 335 份），分别如图 3-21 和图 3-22 所示。

由于是首次开展信创众测，所以本次缺陷报告的整编工作，除了核实缺陷是否有效之外，更重要的是从众包工人提出的问题中，回推测试过程，以期得到针对信创软件测试的独特角度和方法，以便在后面开展同类型众包测试项目时进行复用。

图 3-20 “永中 Office”安装示意图

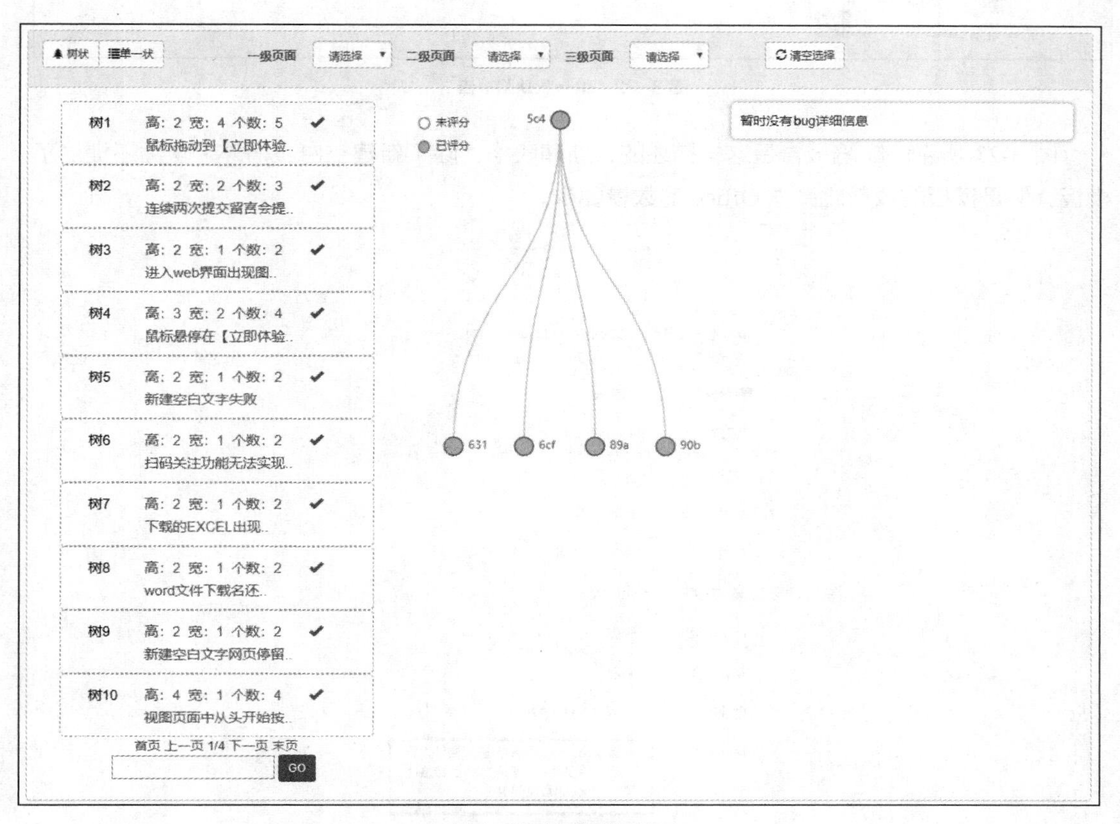

图 3-21 树状缺陷报告

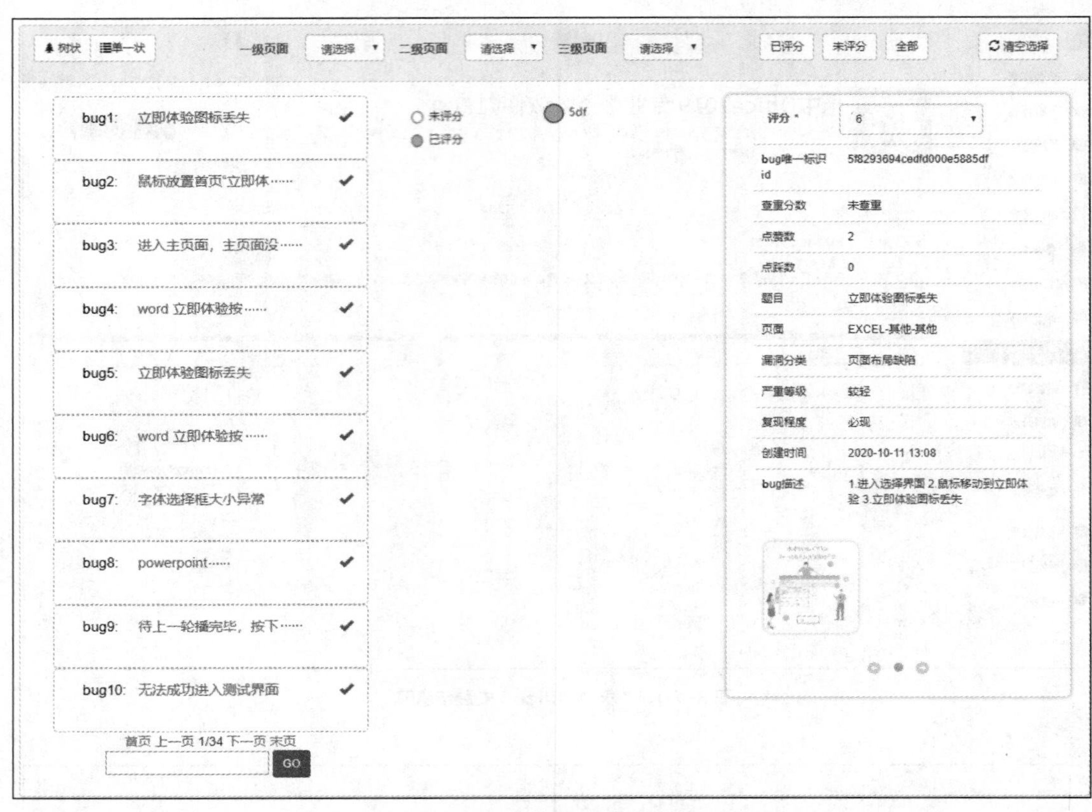

图 3-22 单一状缺陷报告

图 3-23 所示的缺陷报告是这样描述的：新建表格，除了新建空白表格外，软件还提供了模板，但是模板的数量比微软 Office 的数量要少。

图 3-23 缺陷描述

审核人员在对比了两款软件之后，发现该描述存在合理之处。这份报告虽然不算缺陷，但是提出了一种测试信创软件的方式——对比测试。如果以传统软件来看待它，模板的多少并不会引起用户的过多注意。但是，正因为它是信创软件，有着国产化的头衔，用户就很容易将它与国外同类型软件进行对比，一旦出现对比项，就一定会有高有低。把“对比测试”的角度放大至整个信创测试，大家应该更能体会到该测试思想的正确性。从无到有，是目前国产化替代浪潮的核心，如何才算“有”，当然是之前用国外的，现在用国产的，而且国外软件有的功能，国产软件依然有。如果拿一款简化版的软件来替代，那就成了伪信创，功能的完备性应当是国产化替代的底线。

像这样的缺陷报告还有一些，此处就不一一列举。缺陷报告的作用，绝不仅仅是暴露一个 bug，从缺陷报告反推测试思想，再反馈到设计众测任务的细节中，能够更好地激发众包工人的测试水平。

众包测试是一个双向的过程，对众包测试工人来说，他们大多数是第一次接触信创软件测试，可能会以独特的视角观察信创软件，发现其与传统软件不同的地方；但对众包测试平台来说，需要从每一场众测任务中积累到有价值的数据，特别是首次组织的信创众测，如果能从众包工人处得到启发、积累经验，对后期继续开展信创众测任务以及守护信创产业的质量都将大有裨益。

众测领域的深耕，绝不仅仅是靠众包工人的单向输出，还需要依靠平台与工人相辅相成的关系。众包工人在平台不仅能拿到报酬，还能接触到更多前沿的信息与技术，开阔眼界，获得满足感与深度参与的体验感，众包工人的主动性自然就高，与众包测试平台的黏性也会越来越高。只要平台能够考虑到众包工人的利益问题，就有可能形成涟漪式的传播，吸引更多的众包工人“捧场”。

在未来信息技术的发展路径上，信创产业正筑起我国的话语权与优势力，握起自主的“枪杆子”。在前进的路上，众包测试将成为保障信创软/硬件质量的有效措施，平台与每一位参与其中的众包工人都将成为信创产业蓬勃发展的守护者。

案例 11 企业级众测解决方案

在了解了第 2 章和第 3 章的众包测试案例之后，想必大家对众包测试的理解更加清晰明了。凡事都有起源，众包测试也不例外。其实，“起源”一词用在众包测试身上，略有不妥，因为它首次被提出是在 2006 年，算起来还是个“00 后”。

2006 年，美国的一位记者杰夫·豪（Jeff Howe）在杂志《Wired》上发表了一篇名为“*The Rise of CrowdSourcing*”的文章。他在文章中写道，自己在 iStockphoto 网站上发现了一个现象，很多摄影师会在该网站上传自己拍摄的照片并以一两美元的低价进行销售，比起其他图库网站动辄几百美元的销售价格，购买这些人的照片极为划算，而且这些摄影师的照片质量并不比那些几百美元的照片质量差，Jeff Howe 将这种行为称作“CrowdSourcing”，译为“众包”。图 3-24 所示的就是 iStockphoto 网站首页。

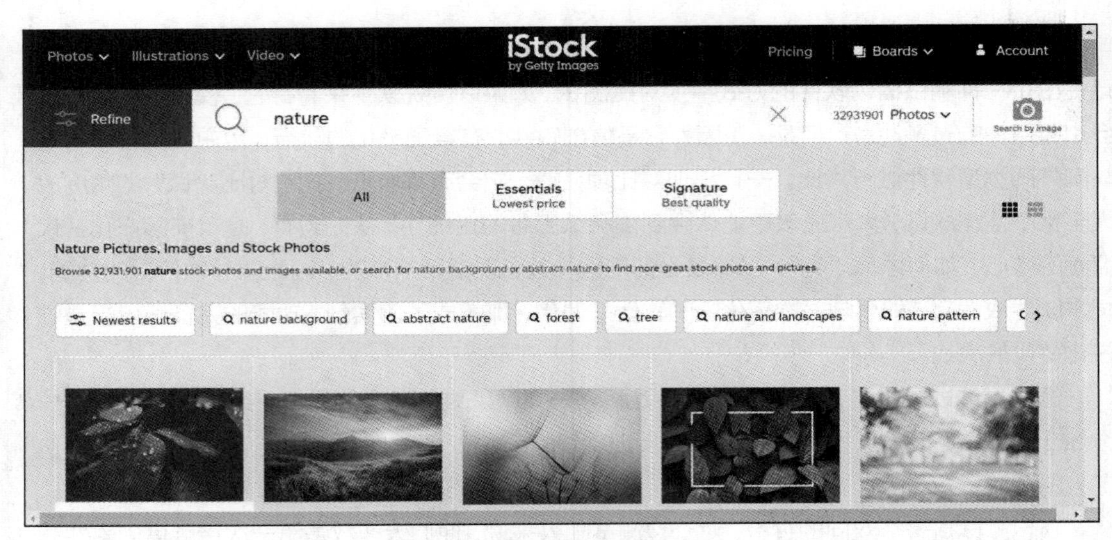

图 3-24　iStockphoto 网站首页

Jeff Howe 将“众包”定义为一场商业性的变革，一个公司或者机构把过去由员工执行的工作任务，以自愿的形式外包给非特定大众来完成。如果只看商业模式的话，在 2005 年国内就出现了类似于“众包”模式的商业行为，即“威客”，比较典型的如猪八戒网等。Jeff Howe 提出的“众包”概念比国内的“威客”理论要晚了一年，但“众包”一词传播的速度更迅速，因而被人们所熟知。

后来，众包模式被引用到软件测试领域，其独特的方式与突出的优势立刻吸引了一众 IT 公司，很多知名公司也开始纷纷组建自己的众包测试平台，像百度、阿里、腾讯、华为都已经开始运营自己的专属众包测试平台，发布的测试任务基本是以自己的产品为待测对象，任务奖励则是以小礼品为主。

可见，众包测试是带有商业属性的。

为了控制成本，很多小微软件企业本身并不设置专职测试工程师岗位。在产品上线前，为了把控产品的质量，他们会选择与第三方众包测试平台合作，目的是找到产品缺陷的同时，又不会消耗过多的成本。

本节案例就以 2019 年的一次企业级众测解决方案为例，与大家一起探讨众包测试是如何应用在企业生产中的。

时间倒回 2019 年 5 月初。南京，早上 8 点。一位拎着手提包的中年男子风尘仆仆地走进了一家企业的会议室，从他皱着的眉头看，他对这里的环境并不熟悉。

在长达 3 个半小时的会议时间里，从会议室中不时传出激烈讨论的声音。

笔者也了解到，原来会议室里的这位客人，是南京维斯德软件有限公司的企业负责人。

会议结束，会议室的门打开了，这位客人迈着大步走了出来，看起来轻松了许多。互相道别后，笔者才在参加会议的同事口中得知，原来是这家企业研发了一款数据管理系统，原计划一周后上线，但没想到在近期的试用过程中，接二连三地发现 bug，这让管理层对这款数据管理系统的质量存疑，他们担心仍存在隐藏的 bug。这次来就是寻求合作，希望通过众包测试尽快、尽可能多地找到系统缺陷，确保项目按原定计划上线。

时间紧迫，会议室里开始忙碌起来，众测解决方案开始进入讨论阶段。

由于时间较短，如果采用公开招募众包工人的做法，将存在一定的风险，谁也不能保证招募的人数与质量。所以，经过商讨后，大家一致决定本次众包测试项目全部选用社群“预备队”成员，人员数量控制在 100 名，即刻通知开始报名，确保下午完成召募工作。

这里所提到的社群“预备队”，是众包测试的另一种运营模式。事物一定要有积累，在长年累月组织的众测项目中，会有大量的测试工程师参与进来，作为测试项目的执行者，这些工程师群体留存下来，无疑是最为宝贵的财富。在通过有效的社群组织后，可以慢慢集聚形成一个众包工人池，预备队就是指平台积累下的众包工人池。

首先，对众测企业来说，每一个众包测试项目都需要大量的众包工人参与，但由于企业与众包工人之间并不会签订合同，所以众包工人完全可以选择不参与众测项目，这对众测企业来说是一种致命的隐患。组织社群预备队的目的就是降低这种隐患，预备队成员的忠诚度高、积极性高且黏性强，在工程师总数量不达标的紧急情况下，选用预备队成员可以大大增加有效分子。

其次，相比较于平时组织的众包测试比赛，企业级众测对质量的要求会更严格，这也是选用社群预备队的另一个原因。众包工人池并不是人人都可以进入的，要想成为预备队中的众包工人，必须经过“入池考核”并且达标。可以说，预备队成员在软件测试方面都具有一定的水平。

这里的预备队成员并不是大家平时理解的“板凳”成员，恰恰相反，他们“预备”着的是时间紧、任务重的高难度众测项目。在任何一场众测项目中，他们都是自由众测工程师，有权利选择参加或者不参加，不会有人去强制他们做违背意愿的事情。这里我们强调的是，在平时我们采用的是公开招募众测工程师的方式，而在某些特殊情况下，就不再采用公开招募的方式，而是在预备队中招募参与人员，“预备队”示意图如图 3-25 所示。

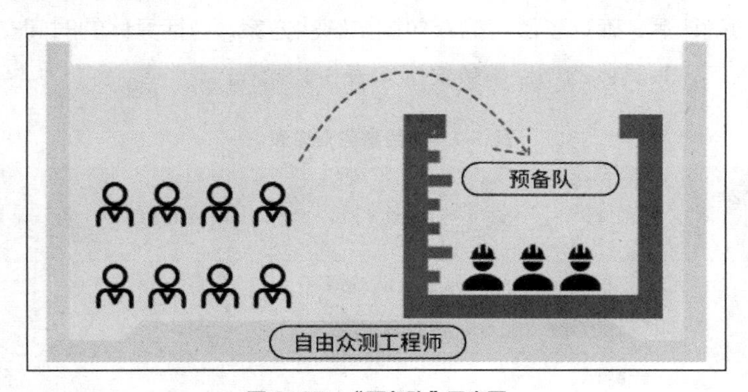

图 3-25 “预备队”示意图

敲定了项目参与者后，会议进入第二个议题，即如何快速地剖析这个让人头疼的被测系统？

要想知道测什么，就必须从测试依据中进行分析，识别可测试特征和测试条件。测试依据要尽量拿到每个测试级别的工作产品，比如需求规格说明、设计和实现信息、组件或系统本身的实现、风险分析报告等。

对众测来说，需求规格说明是最重要的部分。主要内容涵盖业务需求、功能需求、系统需求或类似的产品,这些产品中指定了所需的功能和非功能的组件或系统行为,是分配众测任务、引导任务实施的关键。

设计与实现信息，是指设计规格说明、系统或软件架构图或文档、模型图或类似的规则产品，这些产品指定了系统的结构，对剖析系统架构有很大的帮助。

至于组件或系统本身的实现,这部分在众测组织者熟悉被测系统时,会有一定的辅助作用。因为这部分的内容主要包括代码、数据库元数据、查询以及接口。这部分工作是可选的，根据实际情况来决定是否必须。

风险分析报告，同样是可选的，其考虑了组件或系统的功能、非功能及结构问题，但并不是所有的开发企业都会提供该报告。

考虑到该项目的实际状况,会议最终决定从甲方获取需求规格说明和设计与实现信息相关资料。与众包工人招募的任务同步进行，当天下午需要完成对被测试系统的剖析，并在众包测试平台上线该项目。

会议的最后一个议题是确定项目开始与结束时间。甲方的要求是一周后上线，那么无论如何，测试工作都需要立刻开始。这样一场临上线前的众包测试，无异于开展一场系统测试或者验收测试，测试点要侧重于整个系统的行为或功能，最终的目的是建立甲方对整个系统的质量信心，为甲方提供足够的信息以支持他们做出是否上线的决策，特别是关于测试对象的质量级别。

考虑到一轮测试结束后,甲方开发人员还需要时间对发现的缺陷进行修复以及对修复的缺陷进行确认测试和回归测试，那么第一轮众包测试的开始时间最终定在第一天 9 点到 17 点；第二轮众包测试的时间定在第四天的 9 点到 17 点；其余时间供甲方修复缺陷、验收系统及作出其他决议。

在与甲方沟通确认后，确定了最终的众包测试解决方案，包括具体的时间安排、阶段任务安排、任务责任人等，其具体的项目事务安排如表 3-1 所示。

表 3-1　项目事务安排表

安排 时间	当前任务	任务方式	紧急程度	责任/监督人
当天下午	组织工程师、 剖析被测系统	从预备队选择、 获取测试依据	紧急	程*、韩**
第一天	一轮测试、 输出缺陷报告	众包测试	紧急	预备队成员、 报告梳理团队
第二、三天	修复缺陷	甲方修复	紧急	甲方
第四天	确认测试、 回归测试	众包测试	紧急	预备队成员、 报告梳理团队
第五、六天	甲方验收	甲方验收	紧急	甲方

工作按照表 3-1 中的安排有序推进。

第一轮测试共招募到 124 名预备队成员，实际参与人数 105，已经超出了预期人数，由此可见，预备队模式在众包工人招募方面具有快速反应能力。在经过一天的测试之后，缺陷报告被提交汇总，对报告进行自动去重处理后，交由甲方进行分析、修复。

第二轮测试的主要目的是在软件的最新版本上，重新执行之前因该缺陷而导致失败的测试用例，重新执行这些由缺陷引起失效的步骤，确认是否已成功修复，以及是否因为代码变更而影响到系统的正常运行。因此，优先从参与上一轮测试的众包工人中选择这轮的测试人员，并精减人数到 60 名。

虽然时间紧迫，但是在众包测试的超高效率下，项目仍按照计划完成，在规定的时间内向甲方交付了两轮的测试报告和缺陷报告，供其做出决策。最终，甲方也争分夺秒地修复了发现的大部分系统缺陷，对于其中一些改进建议或优先级别低、并不影响当前版本的需求与问题，暂时放置到挂起状态。因此，平台最终做出的决策是系统满足上线要求，按原计划上线。

“实践是检验真理的唯一标准”，从众包测试模式的出现，到其步入商业领域，众多的案例已经证明了众包测试在软件企业中的重要地位。企业要想在市场上存活，就要保证其软件产品符合用户的利益，符合质量标准。

企业级的众包测试解决方案，需要从众包工人、项目时间、待测对象等方面入手，每个环节既要遵循软件测试标准，又要引入众包测试的优势，将两者结合在一起，落地形成较合理的测试方案。两者之间，其实也是相辅相成的关系。对企业来说，采用众包测试，它具有项目周期短、成本低、质量高等优点；对众包模式来说，也能在企业实战中不断优化。特别是在软件需求日益增长的今天，软件系统往往具有规模大、复杂度高等特点，从而加剧了测试的难度，故根据项目实际需求采用众包测试无疑是行之有效的方法。

本章小结

在信息技术不断发展的进程中，软件架构越发复杂，比如从单体架构到分布式应用，再到微服务架构、Serverless 架构等；软件功能越来越齐全，比如以往的系统一般就是具有简单的用户名加密码登录功能，可现在的系统就增加了短信验证、人脸识别、指纹识别、语音识别登录等多种方式。诸如此类，时代的发展给企业带来机遇的同时，也带来了一些压力，比如，测试成本的快速增加等。

本章选取的金拱门、华为、统信、维斯德等企业，它们都采用过众包测试开展软件测试项目。测试充分度一直是困扰软件测试人员的难题，虽然我们不可能说众包测试能达到 100%的覆盖率，但相比较传统软件测试而言，众包测试的覆盖率已经得到大幅提升，麦咖啡小程序就是依靠众包测试解决了测试充分度不足的问题。某些特定的企业测试项目，受限于测试周围的环境，需要特殊的测试方法和测试数据。在案例 9 中对手机厂商进行北斗打假众包测试，就是得益于众包工人分散性的位置数据和多类型的手机设备等。而很多企业选择众包测试，是被它的低成本与高效性所吸引。在案例 11 所描述的众包测试中，启用了众包工人预备人员，在较短的时间内完成了项目测试，相较于费时费力的传统软件测试，众包测试的高效率更好地为企业解了燃眉之急。

“技术未定，生态先行”，这句话虽然略显夸张，但足见生态建立的重要性与困难性。生态的底层就是用户，华为建立“鲲鹏生态”，就是要让更多的人参与到以“鲲鹏”为核心的开发与使用中去。众包测试的介入，能扩大传播范围，感知用户的想法，并且提高生态产品的健壮性。信创软件的众包测试也是同样的道理，都是希望自己的产品独立变革，重新布局整个产业链，对以前兼容、对现在适用、对未来出新，众包测试的思想理念完全适合该类型企业的需求。

04 众包测试与产教学研的融合

教育资源受限和教师能力水平有限的瓶颈，使得高校内部难以构建一流软件企业的产业场景。基于互联网的慕测平台，采用众包方式将企业真实项目和场景引入课堂的教学实践中，在教学的过程中及时向学生呈现与当前学习主题相关的产业场景，同时企业的一线软件工程师可以作为课程助教，通过互联网参与教学辅导和项目辅导。慕测平台打破了高校封闭的学习和实践环境，在百度、阿里、华为等知名软件企业的支持下，通过互联网资源实现开放式创新的软件工程能力的培养。

众包测试平台利用互联网集结成千上万测试工程师的碎片化时间，打破地域约束，在短时间内完成大工作量的产品测试，为中小型企业提供专业化的测试服务。将来自产业的真实测试任务定向发布到学校，作为实践教学、技术研发和测试服务的工程项目来源，使理论知识、实践技能、职业素养与实际应用环境结合在一起，达到工作过程与教学过程的融合。通过产教对接，将产业需求与愿景融入培养目标，提高软件测试人才培养定位对社会需求的适应度；通过产教互补，充分发挥高校和企业各自的优势，将主流测试技术、工程规范融入培养方案，确保软件测试人才培养方案与培养目标的匹配度。

众包测试是保障软件质量的有效举措，而众包测试人才的培养需要“产、教、研”的融合。教学与科研贴合产业场景，三者才能相互促进。本章将采用基于教学、科研和产业服务融合的思路，选取众包测试平台的实战案例，从案例中查看众包测试是如何实现“产、教、研”融合的。

- 案例 12，讲述了南京软博会工业 App 软件测试比赛，将企业职工、高校学生与众包测试、工业软件结合在一起，探索工业软件背景下的众包测试。
- 案例 13，讲述了全国大学生软件测试大赛、全国各高校参与到众包测试竞赛，扩大众包测试人才培养的实战版图。
- 案例 14，讲述了众包测试平台与北京大学合作研究众包工人的心理，探索众包测试任务的分配规则。
- 案例 15，基于贝叶斯博弈的奖惩机制，讲述了如何在众包测试中科学地设计奖惩机制。

案例 12 南京软博会工业 App 软件测试比赛

近些年，工业数字化变革狂潮席卷而来，衍生出一种新的产物——“工业 App”。工业 App 全称“工业互联网 App”，其官方定义为：基于工业互联网，承载工业知识和经验，满足特定需求的工业应用软件。

软件姓“软”，工业 App 姓“工”，两者的侧重点不同。工业软件是一个典型的高端工业品，它首先是由工业技术构成的，没有工业知识，没有制造业的经验，只学过计算机软件的工程师，是设计不出先进的工业软件的！工业软件凝练了工业企业长期的知识积淀，是在实践中不断迭代进化的工具产物，运行于工业装备之上。举例来讲，控制钢铁冶炼的软件系统，除了具备常规软件的特性外，还拥有钢铁行业的核心知识和经验，这就属于工业 App。

软件是一种载体，是现代社会发展的核心要素。传统意义上，软件指围绕在我们身边的系统软件，而像常规的办公系统，不具备特定的工业知识，就不能被归类为工业 App。另外，大家要注意的是，不要被名字中的“App”误导，“工业 App”的概念并非专指移动端，也包含 PC 端及其他客户端的软件系统。

目前，工业 App 正处在由点及面、多点突破的阶段，工业和信息化部提出了培育并形成一批高价值、高质量工业 App 的要求。相比较于其他软件产品，工业 App 的质量要求更为严苛，因为一旦出错，工业生产活动将受到影响，轻则影响生产进度，重则造成生产事故。

要培育高质量的工业 App，测试工作的推进也是迫在眉睫，而众包测试分而治之的思想，成为解决这一问题的突破口。

2019 年 7 月 1 日，中国电子技术标准化研究院（以下简称标准院）发布了《工业 App 分类分级和测评》团体标准，细化出测评要求。标准有了，还需要人员来学习、实施。为了促进工业 App 测评体系的建设，向业界提供一个广泛的测评技术提升和标准实施应用的交流平台，同时为培养工业 App 测评人才、夯实测评技术基础，江苏省工业和信息化厅决定指导举办首届工业 App 软件测试比赛，并由标准院作为承办单位之一，时间定在第十五届中国（南京）国际软件产品和信息服务交易博览会（简称软博会）期间。

图 4-1 所示是本次大赛的正式通知文件。

南京软博会首届工业 App 软件测试比赛通知

中国（南京）国际软件产品和信息服务交易博览会（简称软博会），是由工业和信息化部指导，江苏省人民政府主办，南京市人民政府与江苏省工业和信息化厅共同承办的软件产业专业型博览会。自 2005 年创办以来，经过十四年的不断发展，南京软博会已经成为中国规模最大、国际化程度最高、最具影响力的国际 ICT 展会之一，多次被评为"中国十大知名品牌展会""中国十大最具影响力品牌展会""中国十大影响力专业展会""中国会展之星产品大奖"等。

为了进一步推广工业 App 标准和提升工业 App 质量，加强工业软件测试人才队伍建设，促进各企业和大学等单位进行技术交流，首次举办 2019 年南京软博会工业 App 软件测试比赛。

- **评分规则**

预选赛评分标准：

1. 评分标准 1：（60%）Selenium 脚本的测试需求覆盖率以及成功回放率；
2. 评分标准 2：（40%）Jmeter 性能测试脚本的场景设置和参数设定准确性以及成功回放率；
3. 总分=评分 1+评分 2，比赛有多道题则累加计算；
4. 总分相同的选手按测试用例集运行时间二次排名，运行时间短优先。

总决赛评分标准：

1. 评分标准 1：（40%）Selenium 脚本的测试需求覆盖率以及成功回放率；
2. 评分标准 2：（20%）Jmeter 性能测试脚本的场景设置和参数设定准确性以及成功回放率；
3. 评分标准 3：（40%）协作式众包测试，bug 报告编写（0.6）+bug 报告审核（0.4）；
4. 总分=评分 1+评分 2+评分 3，比赛有多道题则累加计算；
5. 总分相同的选手按测试用例集运行时间二次排名，运行时间短优先。

备注：

- 评分标准 1 和评分标准 2 为自动化评分；评分标准 3 位专家人工评分
- 每次比赛为 3 到 4 小时不等；每次 1 到 2 道比赛题

比赛联系人：南京大学陈振宇，邮箱：zychen@nju.edu.cn

中国电子技术标准化研究院

江苏省计算机学会

2019 年 6 月 1 日

图 4-1　南京软博会首届工业 App 软件测试比赛通知

大赛总共分为 3 轮：练习赛、预选赛和总决赛。除了总决赛在线下举办以外，前两轮均采用线上形式。

本次大赛得到了工业界知名机构的支持，如图 4-2 所示，幕墙上展示了本次比赛的指导单位、承办单位和技术支持单位等信息。

图 4-2　工业 App 软件测试比赛幕墙图

作为技术支持单位，我们参与了本次大赛的选题工作。在选题初期，专家组综合考虑工业 App 涉面广、数量多、标准高等特性，以“众包测试+自动化测试+性能测试+标准符合性评价”作为本次大赛的赛题类型，并且实地走访了金恒信息、朗坤智慧科技、擎天科技、中船重工等 8 家企业，挑选符合赛题要求的软件产品。最终，南钢 C2M 云商平台、朗坤互畅工业互联网平台、中船船舶能效监测管理系统分别被选为练习赛、预选赛和总决赛的赛题。

本次测试比赛报名开始后，来自江苏、广东、山东、四川、福建等 27 个省市的 1000 多名企业职员、院校学生报名参赛。经过练习赛与预选赛的层层筛选，共有 65 名个人选手和 22 支团队（每队 2～3 人）入围决赛。接下来，我们就以总决赛中的众包测试案例进行分析。

作为大赛最后的压轴题，船舶能效监测管理系统（见图 4-3）可是承担着“重任”：系统要具备不同类型、不同难易程度、不同严重程度的 bug，要最大限度地发挥众测选手捉“虫”的能力。除了常见软件 bug 外，具有工业特色的 bug 更能考核选手对工业 App 的理解。因此，出题组专家对被测系统进行了全方位使用、分析，分别从 UI 层、业务逻辑层、数据访问层、工业特色层等角度进行了 bug 预埋工作。

待测系统的信息在决赛开始前是不对外公布的，开赛后才会开放系统地址，这样可以有效地防止赛题泄露。不过，这也会产生一个矛盾，比赛是有时间限制的，在开赛后，众测选手需要花费一定的时间去熟悉系统，这实际上消耗的是选手们有限的比赛时间。特别是作为一款工业 App，船舶能效监测管理系统的工业领域知识很强，众测选手熟悉系统的时间会更长，这并不符合比赛的预期设定。

中国船舶科学研究中心
船舶能效监测管理系统

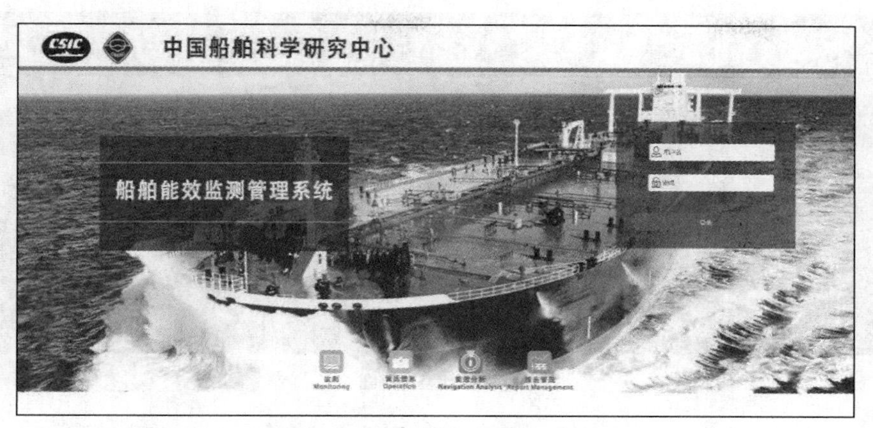

图 4-3　船舶能效监测管理系统

为了解决这个问题，专家组采用了“结构化需求引导”模型，将被测系统依据功能划分层级，也就是提前为选手梳理出系统有多少个模块、每个模块有多少个页面，颗粒度细化到三级，并展现到平台供选手查看。

比如，“营运信息”模块划分为：营运信息—船舶状态—状态详情、营运信息—船舶状态—状态修改……这样，整个系统的“骨骼脉络”就展现在选手面前，选手不需要再花费过多的时间去理解工业知识，探索 bug 时参考给出的系统结构，测试就变得游刃有余，三级页面如图 4-4 所示。

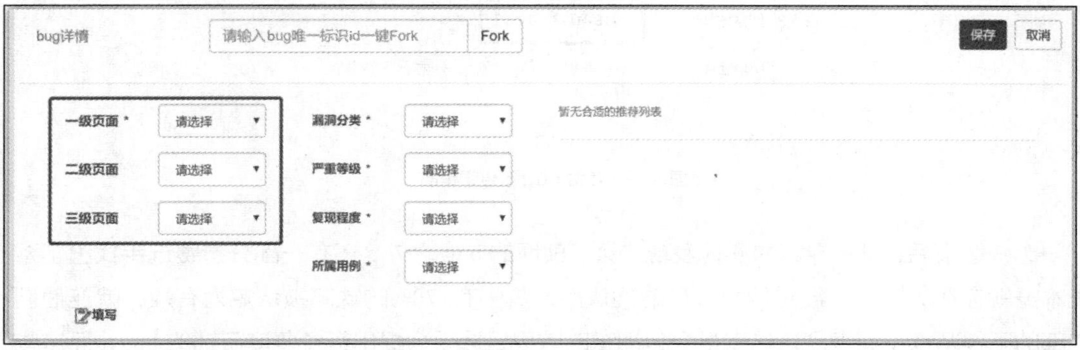

bug详情
请输入bug唯一标识id一键Fork
Fork
保存
取消
一级页面 *
请选择
漏洞分类 *
请选择
暂无合适的推荐列表
二级页面
请选择
严重等级 *
请选择
三级页面
请选择
复现程度 *
请选择
所属用例 *
请选择
填写

图 4-4　三级页面

7 月 21 日 9 点，首届工业 App 软件测试比赛线下总决赛拉开帷幕。图 4-5 所示是当天在比赛现场拍摄的照片。

比赛的整个过程，也印证了结构化需求引导的效果。

选手在开赛后，就快速投入到 bug 的探索中。从后台数据可以看到，首份 bug 报告的提交时间是 9:03，首份 bug 报告详情图如图 4-6 所示。也就是说，开赛仅 3 分钟，参赛选手就发现了一个工业领域系统的缺陷。如果没有结构化需求引导的辅助，预计选手至少需要花费 20 分钟的时间来熟悉系统，二者的差异显而易见。

图 4-5　比赛现场图

热度:0

bug唯一标识id	10010000036069
题目	轴功率新增数据异常依然添加成功
页面	状态监测-历史数据
漏洞分类	功能不完整
严重等级	待定
复现程度	必现
创建时间	2019-07-21 09:03
bug描述	轴功率输入异常数值a，依然显示新增成功

图 4-6　首份 bug 报告详情图

比赛结束后，评审专家惊喜地发现，除了预埋的 bug 之外，还有一部分参赛选手找出了系统本身就存在的缺陷。经过技术人员的确认后，其中有 70%的缺陷被认定为有效，就连他们内部的工程师都没有发现。这就是众包测试的效果，选手会提出很多角度刁钻的 bug，而这些隐藏在深层角落里的 bug，每一个都可能会影响生产活动。此番测试结束之后，出题企业也表示后期要与我们保持合作关系，决赛中众测选手的表现既征服了评审，又证实了众包测试对于工业 App 测试的可行性。

7 月 22 日，比赛颁奖仪式在软博会闭幕式上举行。至此，首届工业 App 软件测试比赛完美收官。

未来工业市场的繁荣离不开转型升级，面向特定行业、特定场景的工业 App，在近几年逐渐“升温”，成为升级的重点目标。当下，我国工业软件技术机遇与危机并存。机遇在于工业

App 意识的苏醒，它们对我国工业体系的升级起到了巨大的推动作用；危机在于工业 App 的质量把控，这不仅需要巨大的经济投入，还需要时间上的积累。

工业 App 软件质量方面的危机，可以通过技术手段解决。凭借众包测试等技术的辅助，实现后发反超是工业界要坚定实现的方向。工业 App 的布局，将解放传统纯人工操作的局面，发展先进生产力，为产业的提质增效提供核心能量。

工业 App 的质量层次影响工业互联网的生存力。工业软件的测试，不能完全从普通软件的思想去考虑，而是要结合工业领域的知识去组织，而培养一批针对工业 App 的测试人才，也是追寻软件测试技术之外的另一个重要主题。

这次大赛见微知著，从实际数据来看，众包测试在工业 App 质量保障中有 3 方面的优势：

- 汇聚大众的思考，可以发现更多的软件缺陷。
- 建立有效的结构化需求引导，可以快速开展测试工作。
- 工业思想的引入，奠定后期人才培养战略。

工业生产，过去以材料的速度发展，不过这种情况将一去不返。以软件的速度，以工业 App 的速度发展将是未来的主要方向。

未来，数不尽的软件将成为工业生产中的一个新型“零件”，这个“零件”将化作嵌入工业生产的“大脑”，里面包含着千千万万工业从业者的智慧和经验，在这个行业里，软件将重新定义工业。

软件质量是实现未来畅想蓝图的重中之重，工业生产来不得一丁点儿的马虎，无论未来前行的脚步是多么缓慢，我们都要将工业 App 的质量永远放在第一位。

众包测试是符合工业 App 质量提升需求的，通过举办大赛的形式，吸引更多的人了解众包测试，培养更多的众包测试人才，以应对大体量工业 App 的测试需求。可以说，众包测试是保障工业 App 质量提升的快速、有效手段。

案例 13 全国大学生软件测试大赛

“21 世纪最重要的是什么？人才！”，这是一句电影里的经典台词，也在大众中广为流传，之所以给大家留下了深刻的印象，除了电影附加给它的喜剧元素外，人们对这句台词本身含义的认可也是一个很重要的原因。

进入 21 世纪后，我国社会经济的发展表现出了迅猛的势头，尤其是在软件行业，发生着翻天覆地的变化。软件企业如雨后春笋般冒了出来，软件园区建设逐步走向成熟，企业规模也纷纷跻身国际前列，软件开发、软件测试、软件设计、软件运维等软件相关模式也更加完备。信息化时代，成就这一切的核心就是我国的软件人才，其当属全球的稀缺资源。

在软件行业的发展过程中，有一部分企业逐渐刮起了一股“不正之风”，它们只注重软件开发，却忽略软件测试。这种风气的蔓延，导致了两个问题的出现。最直接的是一部分软件产品存在着严重的质量问题，貌似研发出一款产品，但实际上“漏洞百出”，往往出现软件“不好用”或“不能用”的情况。其次，这种不良风气导致部分人员对软件测试职业存在片面的看法，再加上我国软件行业体量庞大，所以就造成了软件测试人才极度匮乏的局面。

人才缺口的问题应当从早期、从根本上解决，而我国目前主要的人才输出源来自各大高校。因此，从高校入手培养软件测试人才，是建立我国软件测试人才储备库的良策。将职业化的标准与要求融入就业教育与专业教育，与高校同频同振，携手培养测试技能扎实、实践能力强、发展潜力大的应用型人才。

为了加强高校软件测试人才的培养，深化软件工程实践教学改革、探索产教研融合的软件测试专业培养模式、推进高等院校软件测试专业建设、建立软件行业和高等教育的产学研对接平台，中国软件测评机构联盟、中国计算机学会专业委员会（软件工程、系统软件、容错计算）等单位决定联合举办“全国大学生软件测试大赛”，大赛官网首页如图 4-7 所示。

图 4-7　全国大学生软件测试大赛官网首页

该赛事自 2016 年成功举办以来，参与赛事的高校师生人数逐年递增，从首届的 3000 多人，逐步增长到 2 万余人，赛事影响力也逐年扩大，截至第 5 届赛事，已覆盖全国 30 多个省级行政区的 400 余所高校。

软件测试有不同的专项类型，像企业中就划分有专门负责自动化测试、性能测试的岗位。为了同企业接轨，全国大学生软件测试大赛覆盖众包测试、自动化测试、性能测试、嵌入式测试和安全测试 5 大类型，旨在满足不同测试技能的人才需求。

本节将讲述 2019 年第四届全国大学生软件测试大赛中的众包测试赛项案例。

赛事总流程分为初赛—复赛—总决赛，每阶段赛程又分个人赛和团队赛，通常在 9 月开始报名，10 月中旬截止。在这一段时间，选手除了完成报名之外，还可以选择组委会提供的题目进行练习，众包测试赛组委会提供移动应用和 Web 应用的众测试题。

10 月 26 日～27 日的初赛，采用线上形式；11 月 2 日～3 日的复赛，根据不同省份的入围人数等情况，采用线上结合线下的形式；而 11 月 30 日～12 月 1 日的总决赛，则全部在线下举办，2019 年的总决赛地点定在广州的拓思软件科学园内，图 4-8 所示的是 2019 年全国大学生软件测试大赛总决赛的通知函。

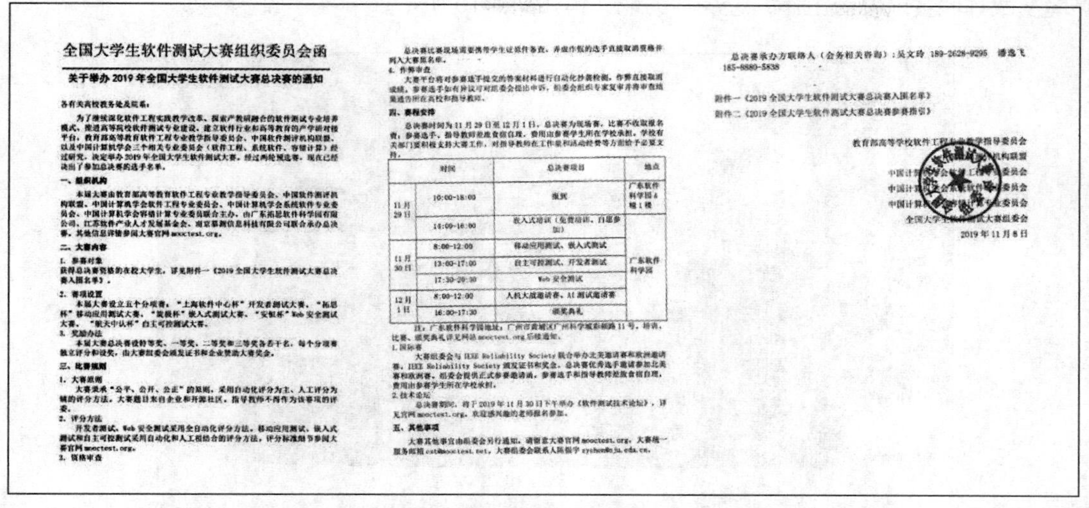

全国大学生软件测试大赛组织委员会函

关于举办 2019 年全国大学生软件测试大赛总决赛的通知

各有关高校教务处及院系：

为了继续深化软件工程实践教学改革、探索产教研融合的软件测试专业培养模式、推进高等院校软件测试专业建设、建立软件行业和高等教育的产学研对接平台，教育部高等教育软件工程专业教学指导委员会、中国软件测评机构联盟、以及中国计算机学会三个相关专业委员会（软件工程、系统软件、容错计算）经过研究，决定举办 2019 年全国大学生软件测试大赛。经过两轮预选赛，现在已经决出了参加总决赛的选手名单。

一、组织机构

本届大赛由教育部高等教育软件工程专业教学指导委员会、中国软件测评机构联盟、中国计算机学会软件工程专业委员会、中国计算机学会系统软件专业委员会、中国计算机学会容错计算专业委员会联合主办，由广东拓思软件科学园有限公司、江苏软件产业人才发展基金会、南京慕测信息科技有限公司联合承办总决赛。其他信息详情参阅大赛官网 mooctest.org。

二、大赛内容

1. 参赛对象

获得总决赛资格的在校大学生，详见附件一《2019 全国大学生软件测试大赛总决赛入围名单》。

2. 赛项设置

本届大赛设立五个分项赛：“上海软件中心杯”开发者测试大赛、“拓思杯”移动应用测试大赛、“旋极杯”嵌入式测试大赛、“安恒杯”Web 安全测试大赛、“航天中认杯”自主可控测试大赛。

3. 奖励办法

本届大赛总决赛设特等奖、一等奖、二等奖和三等奖各若干名，每个分项赛独立评分和设奖，由大赛组委会颁发证书和企业赞助大赛奖金。

三、比赛规则

1. 大赛原则

大赛秉承“公平、公开、公正”的原则，采用自动化评分为主、人工评分为辅的评分方法，大赛题目来自企业和开源社区，指导教师不得作为该赛项的评委。

2. 评分方法

开发者测试、Web 安全测试采用全自动化评分方法，移动应用测试、嵌入式测试和自主可控测试采用自动化和人工相结合的评分方法，评分标准细节参阅大赛官网 mooctest.org。

3. 资格审查

总决赛比赛现场需要携带学生证原件备查，并应作假的选手直接取消资格并列入大赛黑名单。

4. 作弊审查

大赛平台将对参赛选手提交的答案材料进行自动化抄袭检测，作弊直接取消成绩，参赛选手如有异议可对组委会提出申诉，组委会组织专家复审并将审查结果通告所在高校和指导教师。

四、赛程安排

总决赛时间为 11 月 29 日至 12 月 1 日，总决赛为现场赛，比赛不收取报名费，参赛选手、指导教师差旅食宿自理，费用由参赛学生所在学校承担。学校有关部门要积极支持大赛工作，对指导教师在工作量和活动经费等方面给予必要支持。

时间		总决赛项目	地点
11 月 29 日	10:00-18:00	报到	广东软件科学园 4 幢 1 楼
	14:00-16:00	嵌入式培训（免费培训，自愿参加）	广东软件科学园
11 月 30 日	8:00-12:00	移动应用测试、嵌入式测试	
	13:00-17:00	自主可控测试、开发者测试	
	17:30-20:30	Web 安全测试	
12 月 1 日	8:00-12:00	人机大战邀请赛、AI 测试邀请赛	
	16:00-17:30	颁奖典礼	

注：广东软件科学园地址：广州市黄埔区广州科学城彩频路 11 号，培训、比赛、颁奖典礼详见网站 mooctest.org 后续通知。

1. 国际赛

大赛组委会与 IEEE Reliability Society 联合举办北美邀请赛和欧洲邀请赛，IEEE Reliability Society 颁发证书和奖金。总决赛优秀选手邀请参加北美赛和欧洲赛，组委会提供正式参赛邀请函，参赛选手和指导教师差旅食宿自理，费用由参赛学生所在学校承担。

2. 技术论坛

总决赛期间，将于 2019 年 11 月 30 日下午举办《软件测试技术论坛》，详见官网 mooctest.org，欢迎感兴趣的老师报名参加。

五、其他事项

大赛其他事宜由组委会另行通知，请留意大赛官网 mooctest.org，大赛统一服务邮箱 cst@mooctest.net，大赛组委会联系人陈振宇 zychen@nju.edu.cn。

总决赛承办方联络人（会务相关咨询）：吴文跨 189-2628-9295　潘逸飞 185-8880-5838

附件一《2019 全国大学生软件测试大赛总决赛入围名单》

附件二《2019 全国大学生软件测试大赛总决赛参赛指引》

教育部高等学校软件工程专业教学指导委员会

中国软件测评机构联盟

中国计算机学会软件工程专业委员会

中国计算机学会系统软件专业委员会

中国计算机学会容错计算专业委员会

全国大学生软件测试大赛组委会

2019 年 11 月 8 日

图 4-8　总决赛通知函

在众包测试赛项中，经过前两轮的角逐，最终入围总决赛的个人赛选手有 141 人、团队赛选手有 92 队。其中，移动应用众包测试赛项，由华为技术有限公司提供商业赞助与技术支持，华为选取了 beta 版本的“滔客说”作为测试对象。“滔客说”是一款知识分享类型 App，页面结构清晰、业务逻辑中等、产品功能丰富，预期总决赛成绩可以有效形成离散分布，符合此轮大赛所需测试对象的特性，且支持选手自行注册账号，减少了组委会的赛前准备工作，“滔客说”界面如图 4-9 所示。

图 4-9　众包测试对象“滔客说”界面

比赛前一天，从全国各地赶来的参赛选手到比赛场地进行报到，领取比赛用品，熟悉场地环境及做其他赛前准备工作，总决赛场地一角如图 4-10 所示。

图 4-10　总决赛场地一角

组委会对前来报道的众包测试赛选手集中进行了注意事项说明，包括被测试 App 在安装到手机设备后，App 会自动检查版本，选手需要手动禁止其更新，使用组委会提供的比赛专用 beta 版本等注意事项。另外，组委会着重强调了众测缺陷报告的书写规范性、协作式测试等内容。

众包测试比赛开始后，选手们展现了良好的专业素质和精神风貌，在拿到“滔客说”App 后，每一位选手都紧盯屏幕、争分夺秒，探索测试以期发现更多、更高级的 bug，图 4-11 为总决赛现场一角。

图 4-11　总决赛现场一角

比赛共进行了 4 小时，没有一人提前离场，这也从侧面反映出在校生对众包测试的认可。

软件测试讲究“测试左移”，即“越早介入，越节省时间和成本”。在软件的生命周期中，尽早启动静态和动态测试活动，有助于降低或消除高昂的变更代价。

软件测试人才的培养亦是这个道理，越早启动培养计划，建立并传播对软件测试的正确认知，才能产生“蒲公英效应”，吸引更多的学生学习软件测试。否则，我国软件测试人才的储备量，将直接成为制约软件产业发展的“绊脚石”。

高校教师是软件测试人才的一线指战员，只有教师重视软件测试教育，掌握人才培养策略，学生才能更快、更好地成长起来。为此，在比赛期间，组委会组织了“软件测试前沿技术与人才培养论坛”，邀请参赛选手的指导教师交流学习，同时邀请高校及企业知名专家进行演讲报告。来自同济大学的朱少民教授以“软件测试人才培养全景图”为主题阐述了当下软件测试人才培养的综合方案；来自陆军工程大学的黄松教授则深入剖析了大赛对软件测试人才培养的意义；来自腾讯的张力柯总监以“腾讯互娱 AI 测试平台”为例，展示了 AI 测试的前沿技术应用；来自阿里巴巴的 AE 测试开发专家张国顺（果老）以“混沌工程在阿里的应用”为题，讲述了阿里混沌工程与测试之间的融合应用；来自 vivo 的测试总监霍举振则选取了最擅长的移动应用测试进行报告。此外，南洋理工大学刘杨教授、华东师范大学蒲戈光教授、微信测试总监邓月堂、阿里巴巴测试开发专家李程、华为云服务测试主任栾江义、广东软件测评中心副主任王萍、南京大学博导陈振宇教授等都参与了报告和交流。

本次软件测试大赛，既然是比赛，就一定会有最终成绩。众包测试赛要求参赛选手在提交缺陷报告时，必须选择 bug 所在的页面（页面结构在缺陷报告编写页面已给出），以保证缺陷报告一一对应赛题中给出的软件页面结构。比如，在“个人信息”页面发现的 bug，选手需要将其提交到“我的—设置—个人信息”下，而不允许提交到其他页面结构。

参赛者众多，在同一页面结构，难免会出现聚集性的 bug。评分人员要保证分数的公平性，首要责任就是自己对缺陷报告所指向的模块内容十分了解。所以，在安排评分工作时，优先采用同一模块由同一人完成评分的机制，如果某些模块对应的缺陷报告数量较为悬殊，则适当增加或减少人数。从评分人员的角度讲，只需要熟悉自己负责的页面结构即可，不需要详细了解软件的每一部分功能。这样的设计，在保证了公平公正的前提下，也为评分人员节省了不少的工作时间。

图 4-12 所示的评分页面中，上方框选处代表页面结构“我的—设置—个人资料”，通过选择对应页面，筛选出“个人资料”结构下的缺陷报告。该页面结构下共有 6 份缺陷报告，将由同一个人完成评分。当然，6 份的数量比较少，这位评分人员可能还会负责其他模块的评分工作。

比赛评分与众包测试任务的审核，在本质上是一样的，核验 bug 是否真实存在，同样需要评审人员，评审成本同样需要控制住，包括人力成本和时间成本。采用大赛中所使用的评审方式，既可以提高评审的准确率，又能够降低工作量，一举两得。

最终，在经过一番激烈的较量，来自苏州大学的张钰峰选手荣获移动应用测试个人赛特等奖，其余 63 名优秀选手分别获得了个人赛一、二、三等奖，共 14 名选手获得大赛奖金及荣誉证书；来自南京城市职业学院的白学祯、扈臣兴、王振辉团队荣获移动应用测试团队赛特等奖，其余 15 支队伍分别获得团队赛一、二、三等奖，共 14 支团队获得大赛奖金及荣誉证书。获得特等奖的选手，也将获得平台与 IEEE Reliability Society 联合举办的北美赛区参赛资格，图 4-13 所示为往年北美赛区的比赛现场。

图 4-12 评分页面

图 4-13 北美赛区的比赛现场

同时，为了鼓励高校教师对软件测试教育的辛勤付出，以及对全国大学生软件测试大赛的支持，经大赛组委会审核批准，有 10 名教师获得了“卓越指导教师”称号，12 名教师获得了“优秀指导教师”称号，10 名教师获得了“优秀组织教师”称号，所有获奖教师均被授予荣誉证书并颁发奖金。

众包测试，主要的输出是缺陷报告。无论是比赛，还是众包测试任务，功能测试所输出的缺陷报告是后续开发人员快速定位 bug 的依据所在。因此，缺陷报告需要准确的页面结构信息来起辅助作用。在某些测试平台组织的众包测试任务中，缺乏这样的意识，往往给后期的缺陷梳理工作带来困难，也造成成本的浪费。

在 2019 年全国大学生软件测试大赛的赛场上，从每一位参与众包测试赛项的选手身上，我们看到了未来软件测试行业崛起的身影。国以才立，政以才治，业以才兴。高校应当积极开设软件测试相关课程，将眼光放长远，主动承担起责任，紧跟产业技术发展脚步，积极参与产业实践与技能赛事，让学生在校期间就能磨炼其“实战”能力，培养紧缺型人才，为社会输送一批优秀的软件测试人才。

最后，我们再来通过图 4-14～图 4-22 来回顾一下 2019 年全国大学生软件测试大赛的盛况。

图 4-14　报到处

图 4-15　赛场一角（一）

图 4-16　赛场一角（二）

图 4-17　团队赛选手沟通交流

图 4-18　个人赛选手认真答题

图 4-19　软件测试前沿技术与人才培养论坛

图 4-20　个人赛特等奖颁奖现场

图 4-21　团队赛特等奖颁奖现场

图 4-22　卓越指导教师奖颁奖现场

案例 14　众测工程师心理画像分析

软件，是人类创造的产物，无论是软件开发，还是软件测试，都离不开人的参与。因此，人的心理活动对软件项目的质量有着重要的影响。

众包测试模式最明显的特点是参与人数多，这是一个优势，可以快速完成测试任务，且可以覆盖到更多的测试条件。但是，每个人都是独立的个体，都有着不同的性格，从心理学的角度看，不同的性格擅长的任务也是不同的，错误的任务分配准则可能会降低测试任务的完成度并影响测试质量。

在传统的众包测试项目中，项目流程主要分为“项目发布—工人招募—系统测试—报告验收”。其中，工人招募的阶段，通常是自发的，召集到的大多是随机的人群；测试方式大多为基于经验的探索性测试方法；对于一些“不太受欢迎”的测试任务，可能长期都不会被工人选择，或者中途被放弃；不适配的众包工人可能会带来更大的“假阳性”与“假阴性”风险。

为了解决上述传统众包测试中的问题，了解众包测试工人心理与任务分配之间的关系，在 2020 年 4 月～6 月，众测平台特联合北京大学心理与认知科学学院，对以往众包测试项目的行为数据与人格因素、动机因素、任务特征因素进行测量，测量内容如图 4-23 所示。

人格因素与动机因素共同构成了自变量，两者之间存在相互影响的关系，不同的人格因素对动机因素有不同的偏好度，尤其是两者的不唯一性，会存在不同比例的组合。比如，某个个体的人格因素中竞争型人格突出，动机因素中偏向认知需求。我们来看一下人格与动机类型的具体定义，如图 4-24 所示。

任务特征因素与项目行为构成了另一部分——因变量。项目行为可以直接从历史项目数据中获取。任务特征因素概括为结构化任务、有难度的任务、协同任务、自由度大的任务、解决方法多样化的任务，其具体定义如图 4-25 所示。

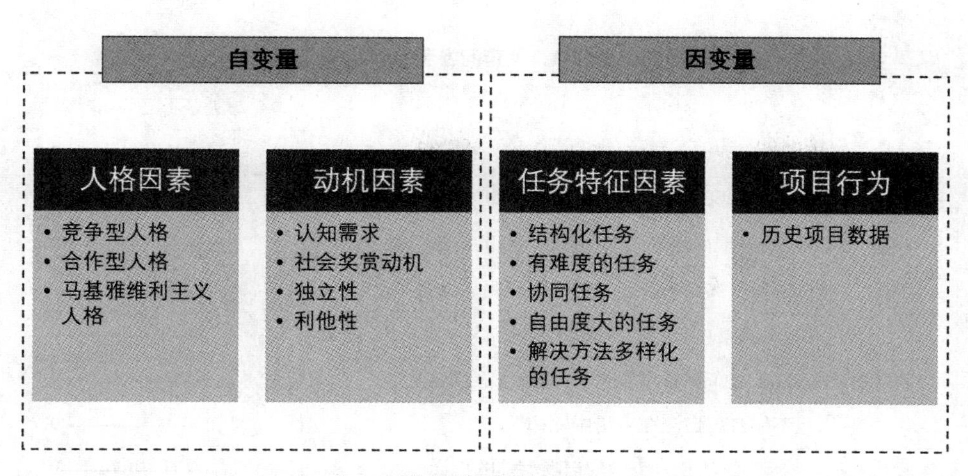

图 4-23　测量内容

人格与动机类型	定义
竞争型人格	好强、喜欢竞争的倾向
合作型人格	喜欢与他人合作的倾向
马基雅维利主义人格	损人利己的倾向
认知需求	从事并享受努力的思考活动的倾向
社会奖赏动机	在乎来自别人的积极反馈的倾向
独立性	喜欢独处的倾向
利他性	将他人和集体利益放在个人利益之上的倾向

图 4-24　人格与动机类型定义

任务特征类型	定义
结构化任务	解决方法、答案、评分机制非常明确客观的任务
有难度的任务	需要耗费很多时间与精力去完成的任务
协同任务	需要和其他人协同完成的任务
自由度大的任务	能从主持方获得有关答案的很多信息、能独立自由完成的任务
解决方法多样化的任务	需要运用多种技能来完成的任务

图 4-25　任务特征类型定义

既然实验主体是参加过众包测试项目的众测工程师，那么他们的主观想法也是非常重要的。为此，测量组还准备了一份调查问卷，并随机抽选了 241 名众测工程师填写，包括 165 名男性，76 名女性，年龄在 18～26 岁之间（*M*= 21.1，*SD* = 1.42）。调查问卷示例如表 4-1 所示。

表 4-1　调查问卷示例

	非常不同意----非常同意
如果别人表现得比我好，会让我烦恼	1-------------------9
即使在一个团队中，我也希望能超过团队中的其他人	1-------------------9
只有比其他同事表现得更好，才能够证明我的价值	1-------------------9
有时我将考试视为一次证明我比其他人更聪明的机会	1-------------------9
当我在运动竞赛中失利时，我会非常伤心	1-------------------9
当我的竞争者由于他们的成绩获得奖励时，我会嫉妒	1-------------------9
我不能容忍自己在争论中输掉	1-------------------9
我喜欢竞争，因为它给我一个发现自身潜能的机会	1-------------------9
我喜欢与他人竞争所带来的挑战	1-------------------9

最终，测量组得到的结论如下。

- 总体上，参赛者最偏好的任务类型是结构化的任务（$P < 0.001$），其次是需要和其他人协同完成的任务（$P < 0.001$），而对有难度的任务、自由度大的任务、解决方法多样化的任务的偏好程度之间不存在显著差异，工人对不同任务类型的偏好情况如图 4-26 所示。

任务类型	*M*	*SD*
结构化任务	15.39	3.14
有难度的任务	12.93	3.10
协同任务	14.36	3.29
自由度大的任务	13.36	2.00
解决方法多样化的任务	12.77	2.48

图 4-26　工人对不同任务类型的偏好情况

- 男生对结构化任务、有难度的任务、自由度大的任务的偏好显著大于女生（$P < 0.05$），对于协同任务和解决方法多样化的任务，男生与女生之间不存在显著差异，性别不同对不同任务类型的偏好差异如图 4-27 所示。

任务类型	男（*N* = 165）	女（*N* = 76）	*F*（1, 237）	*P*
结构化任务	15.65	14.74	4.571	0.034
有难度的任务	13.22	12.25	5.226	0.023
协同任务	14.54	13.96	1.610	0.206
自由度大的任务	13.63	12.74	10.78	0.001
解决方法多样化的任务	12.76	12.78	0.004	0.947

图 4-27　性别不同对不同任务类型的偏好差异

● 独立性、利他性、合作型人格与竞争型人格水平越高，对结构化任务的偏好越大。其中，独立性与其对结构化任务的偏好之间的关系最密切（β= 0.278，P < 0.001），人格、动机因素与结构化任务偏好分析如图 4-28 所示。

结构化任务　模型的解释力 R^2 = 0.401

模型概述

模型	R	R^2	调整R^2	估计误差	变化数据				
					R^2变化	F变化	df1	df2	Sig.F变化
1	.633a	.401	.383	2.46631	.401	22.308	7	233	.000

a. Predictors: (Constant), 利他, 竞争, 独立, 认知, 社会奖赏, 合作, 马基

独立性、利他性、合作型人格与竞争型人格水平越高，对结构化任务的偏好越大。

其中，独立性与其对结构化任务的偏好之间的关系最密切（β = 0.278，P < 0.001）。

模型	非标准系数		标准系数	t	Sig.
	B	标准差	Beta		
（常量）	1.112	1.733		.642	.522
竞争	.035	.013	.164	2.740	.007
合作	.030	.011	.185	2.882	.004
认知	.013	.014	.055	.939	.349
马基	.001	.017	.005	.072	.943
社会奖赏	.043	.024	.113	1.783	.076
独立	.109	.022	.278	4.872	.000
利他	.135	.032	.258	4.247	.000

图 4-28　人格、动机因素与结构化任务偏好分析

● 认知需求、利他性、马基雅维利主义人格与合作型人格越强，对有难度的任务的偏好越大。其中，认知需求与其对有难度的任务偏好之间的关系最密切（β= 0.255，P < 0.001），人格、动机因素与有难度的任务偏好分析如图 4-29 所示。

有难度的任务　模型的解释力 R^2 = 0.273

模型概述

模型	R	R^2	调整R^2	估计误差	变化数据				
					R^2变化	F变化	df1	df2	Sig.F变化
1	.523a	.273	.252	2.68370	.273	12.529	7	233	.000

a. Predictors: (Constant), 利他, 竞争, 独立, 认知, 社会奖赏, 合作, 马基

认知需求、利他性、马基雅维利主义人格与合作型人格越强，对有难度的任务的偏好越大。

其中，认知需求与其对有难度的任务偏好之间的关系最密切（β = 0.255，P < 0.001）。

模型	非标准系数		标准系数	t	Sig.
	B	标准差	Beta		
（常量）	-.832	1.886		-.441	.659
竞争	-.004	.014	-.021	-.322	.748
合作	.025	.011	.151	2.144	.033
认知	.059	.015	.255	3.987	.000
马基	.048	.019	.193	2.547	.012
社会奖赏	.021	.026	.055	.784	.434
独立	.043	.024	.111	1.771	.078
利他	.119	.035	.230	3.436	.001

图 4-29　人格、动机因素与有难度的任务偏好分析

● 合作型人格、利他性越强，对协同任务的偏好越大。其中，合作型人格与其对协同任务的偏好之间的关系最密切（β= 0.340，P < 0.001），人格、动机因素与协同任务偏好分析如图 4-30 所示。

● 独立性、竞争型人格、认知需求越强，对自由度大的任务的偏好越大。其中，独立性与其对自由度大的任务偏好之间的关系最密切（β= 0.227，P < 0.001），人格、动机因素与自由度大的任务偏好分析如图 4-31 所示。

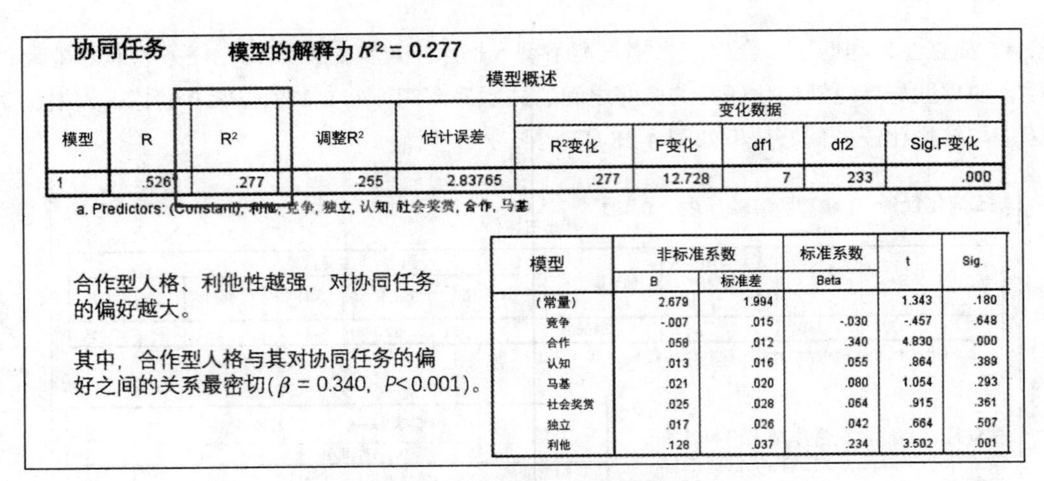
协同任务 模型的解释力 $R^2 = 0.277$

模型概述

模型	R	R^2	调整R^2	估计误差	变化数据				
					R^2变化	F变化	df1	df2	Sig.F变化
1	.526	.277	.255	2.83765	.277	12.728	7	233	.000

a. Predictors: (Constant), 利他, 竞争, 独立, 认知, 社会奖赏, 合作, 马基

合作型人格、利他性越强，对协同任务的偏好越大。

其中，合作型人格与其对协同任务的偏好之间的关系最密切（$\beta = 0.340$，$P<0.001$）。

模型	非标准系数		标准系数	t	Sig.
	B	标准差	Beta		
（常量）	2.679	1.994		1.343	.180
竞争	-.007	.015	-.030	-.457	.648
合作	.058	.012	.340	4.830	.000
认知	.013	.016	.055	.864	.389
马基	.021	.020	.080	1.054	.293
社会奖赏	.025	.028	.064	.915	.361
独立	.017	.026	.042	.664	.507
利他	.128	.037	.234	3.502	.001

图 4-30 人格、动机因素与协同任务偏好分析

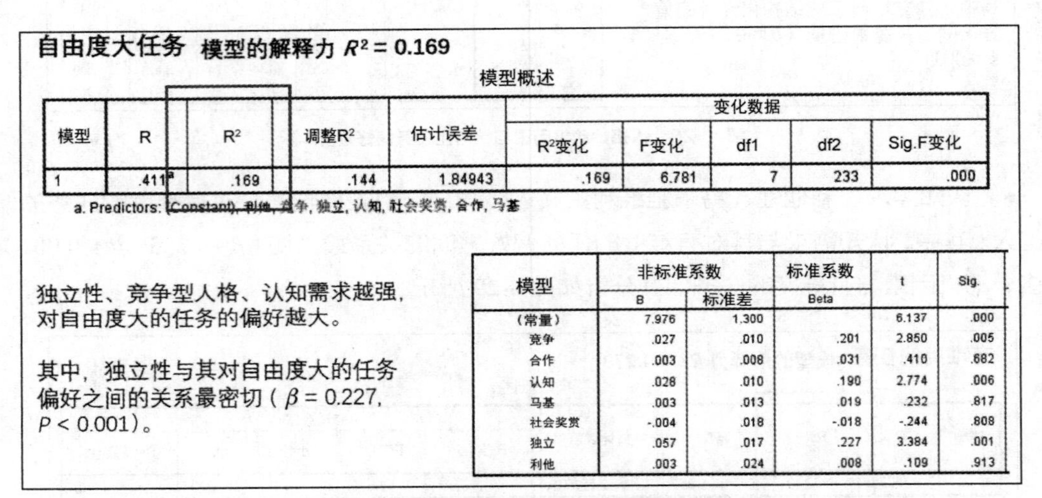
自由度大任务 模型的解释力 $R^2 = 0.169$

模型概述

模型	R	R^2	调整R^2	估计误差	变化数据				
					R^2变化	F变化	df1	df2	Sig.F变化
1	.411a	.169	.144	1.84943	.169	6.781	7	233	.000

a. Predictors: (Constant), 利他, 竞争, 独立, 认知, 社会奖赏, 合作, 马基

独立性、竞争型人格、认知需求越强，对自由度大的任务的偏好越大。

其中，独立性与其对自由度大的任务偏好之间的关系最密切（$\beta = 0.227$，$P < 0.001$）。

模型	非标准系数		标准系数	t	Sig.
	B	标准差	Beta		
（常量）	7.976	1.300		6.137	.000
竞争	.027	.010	.201	2.850	.005
合作	.003	.008	.031	.410	.682
认知	.028	.010	.190	2.774	.006
马基	.003	.013	.019	.232	.817
社会奖赏	-.004	.018	-.018	-.244	.808
独立	.057	.017	.227	3.384	.001
利他	.003	.024	.008	.109	.913

图 4-31 人格、动机因素与自由度大的任务偏好分析

- 认知需求越强，对解决方法多样化的任务的偏好越大，而马基雅维利主义人格越强，对这种任务的偏好越小。其中，认知需求与其对解决方法多样化的任务的偏好之间的关系最密切（$\beta= 0.282$，$P < 0.001$），人格、动机因素与解决方法多样化的任务偏好分析如图 4-32 所示。

如何将心理分析结论，转化为系统功能呢？

众包测试平台一般都会留存众包工人的信息，包括身份信息以及历史测试提交数据，比如姓名、测试任务类型、测试报告质量、提交时间、参加次数等。通过计算这些数据，从信誉度、经验、意愿度、能力等多个维度来绘制众测工程师的心理画像，并以上述适配因素为评估标准，计算出最终人格因素综合评估值，用以判断具体候选众包工人主动拉取任务与动态分配测试任务的准确性。

当然，少量的项目数据，很难为每位众包工人做出精确画像，所以，心理画像的模型训练应始终基于增量计算模式。同时，心理画像对众包工人来说是无感的。工人只需要接收系统下发的任务信息即可。

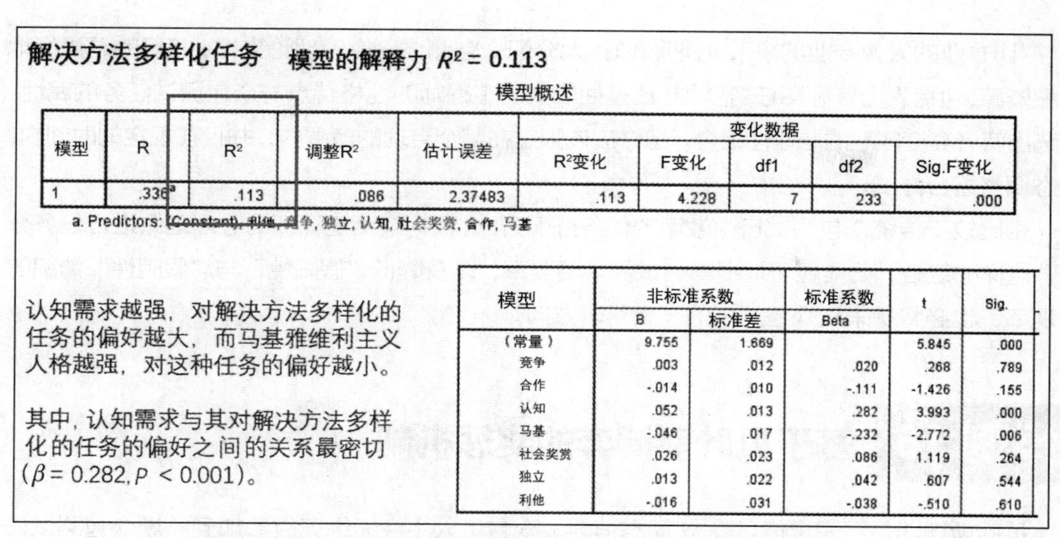

解决方法多样化任务　模型的解释力 $R^2 = 0.113$

模型概述

模型	R	R²	调整R²	估计误差	变化数据				
					R²变化	F变化	df1	df2	Sig.F变化
1	.336a	.113	.086	2.37483	.113	4.228	7	233	.000

a. Predictors: (Constant), 利他, 竞争, 独立, 认知, 社会奖赏, 合作, 马基

认知需求越强，对解决方法多样化的任务的偏好越大，而马基雅维利主义人格越强，对这种任务的偏好越小。

其中，认知需求与其对解决方法多样化的任务的偏好之间的关系最密切（$\beta = 0.282, P < 0.001$）。

模型	非标准系数		标准系数	t	Sig.
	B	标准差	Beta		
（常量）	9.755	1.669		5.845	.000
竞争	.003	.012	.020	.268	.789
合作	-.014	.010	-.111	-1.426	.155
认知	.052	.013	.282	3.993	.000
马基	-.046	.017	-.232	-2.772	.006
社会奖赏	.026	.023	.086	1.119	.264
独立	.013	.022	.042	.607	.544
利他	-.016	.031	-.038	-.510	.610

图 4-32　人格、动机因素与解决方法多样化的任务偏好分析

从测试任务方面，执行次数少或未被执行的任务，平台会将其回收进行二次分配。二次分配也始终坚持动态分配的原则，同时尊重众包工人的意愿，不能强加任务到系统单方面认可的候选工人。在一场众包测试项目中，系统根据对某位众包工人的性格判断，将“流行歌曲”页面推荐给他，这位众包工人可以选择接受分配，也可以通过单击“不感兴趣”按钮来拒绝系统的推荐，心理画像推荐页面如图 4-33 所示。

心理画像推荐

推荐你去“流行歌曲”页面找bug哦

不感兴趣　创建bug

推荐审核bug列表

bug标题	漏洞分类	截图
意见反馈功能异常	功能不完整	
登录注册功能异常	功能不完整	
不可以正常点赞	用户体验	
搜索按钮功能异常	功能不完整	
不可以正常点赞	用户体验	
使用首页播放单个演讲视频时视频无法播放	功能不完整	

图 4-33　心理画像推荐页面

“让专业的人做专业的事”，心理画像作为分配众包测试研究的理论支撑，其目的是更好地分配资源，包括人力资源和任务资源。通过抽取众测工程师的性格特点与众包测试任务的属性，筛选出两者高度匹配的专业性组合。组合应该限定在某个合理的范围内，并且在规定的时间内，动态调整组合方式。

相比较于传统众包测试自由散漫的任务分配方式，根据众测工程师的心理画像进行任务分配，这样的组合，更能显著地提高测试需求覆盖率，以及降低“假阳性”与“假阴性”情况的出现率，也必将是未来众包测试的一大科研方向。

案例 15 基于贝叶斯博弈的奖惩机制

贝叶斯博弈是不完全信息静态/动态博弈。众包工人不会无缘无故参加到一场众包测试任务中，其内部与外部动机促成了每一场众测任务的完成。动机因人而异，薪酬、兴趣、职业，抑或是利他主义等。也并不是每一位众包工人都会认真进行测试的，为了实现自己的动机，一些众包工人通过提交错误的信息来增加综合收益率，比如为了获得更多的薪酬，大量提交“bug”，而不管这些所谓的“bug”是否有效。

对众包测试平台来说，需要建立完善的奖惩机制，对提交高质量报告的工人给予奖励，工人提交低质量的报告则会被惩罚。惩罚措施是非常必要的，缺失惩罚机制，工人将更倾向于提交低质量原语，增加了众包测试平台的审核工作。

为众测任务设计完整的奖惩机制，在博弈论中属于逆向工程。本章讲述的基于贝叶斯博弈的奖惩机制，是众包测试平台以不完全信息为基底，奖励工人提交真实而不是虚假信息，因为真实信息的预期收益远高于虚假信息的预期收益。

典型的一个贝叶斯博弈场景是，众包测试平台在组织的一场众包测试任务时，期望得到待测软件的有效缺陷信息，并采取某种奖励方式提高工人的积极性。众包测试平台和众包工人进行相互独立的战略选择，每个选择的概率都是均等的。

平台与工人之间的贝叶斯博弈过程，如图 4-34 所示。单个工人提交的所有缺陷视为一个缺陷子集，每个子集构成博弈的筹码。平台筛选一定数量的子集，保留有效的数据作为种子原语，这些原语构成平台方的博弈筹码。种子原语合并整合，匹配奖惩算法，生成最终的交付报告。

博弈的双方，采取策略与对方互动，为自己争取最大的利益。为了达到这样的目的，双方的策略都基于理性，但众包工人一方可能存在“伪装理性”，利用规则的漏洞，混淆真假原语，以期花费更少的时间精力获得更多的收益。特别是一些众包测试平台的规则简单，众包工人很容易找到欺骗策略。

举例来说，众包工人如果想获得更多的经济收益，可能会争取在一定的时间范畴内完成尽可能多的任务，每个任务所花费的精力就会减少，任务的完成质量也呈线性下滑。再加上畏难情绪的存在，任务的困难部分容易被过滤掉，导致测试不完整。这些情况都会使得众包测试平台产生一定的合约风险。

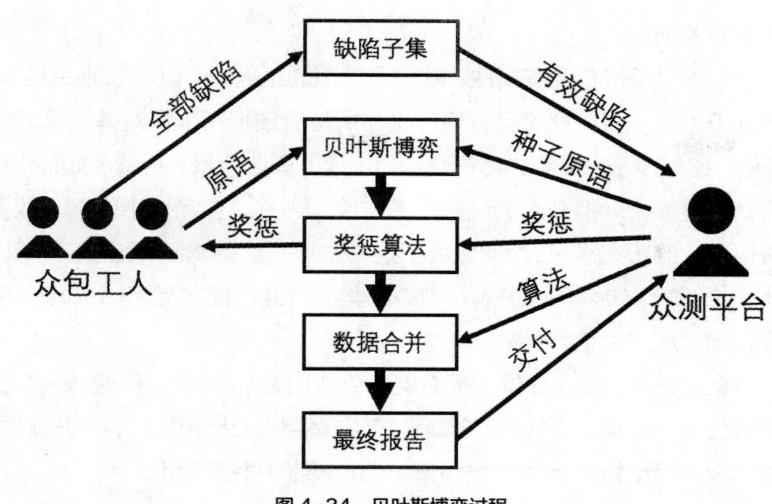

图 4-34　贝叶斯博弈过程

本质上讲，双方之间是存在利益冲突的。但是从众包测试平台长远化发展的角度来看，博弈双方最好都能得到满意的结果，双方的利益都可以最大化。要想达成这样的预期，平台方要在奖惩机制上严格把控，阻断无效 bug 的审核通过概率，使众包工人无法通过损害集体利益获得自身利益，回收的缺陷报告呈现出高有效性，降低或避免无效报告仍得到奖励的情况出现，实现“纳什均衡”的局面，这称为激励相容策略。

惩罚会抵消奖励，如果众包工人一方想获得收益，只能在以下两种场景下获得。

（1）奖励额 > 惩罚额。

（2）奖励额占比 100%，无惩罚额。

在两种场景中，奖励额都是决定性的因素。场景 2 在理论中是可行的，但这样的要求过于严苛，现实中很难有工人实现。场景 1 是绝大多数工人获取收益的途径。当奖励达到一定数值，就足以形成“隐性监督”，甚至众包工人会主动摒弃无效 bug，以赢取高额度奖励。

博弈在达到均衡状态时，众包工人的报告有效率也将达到最高。

由于激励相容策略的存在，考虑平台方的利益，奖励无法一直增长。有一种情况是，所有的缺陷报告都是有效的，在这样的假设下，平台方多付出一些成本是能够接受的。但是，这样的假设成功率很低，更多的现实情况是，平台成本消耗在假阳性报告的处理，以及假阴性报告带来的合约损失上。

由于众包测试任务的类型不同、难易不同、所需的工作量不同，奖惩算法不会一成不变，要根据实际任务情况及时调整奖惩价值与影响。从每一场众测任务的数据中，平台要汲取有价值信息，优化基于贝叶斯博弈的奖惩机制，以奖惩机制扼守任务质量。

2019 年 4 月，我们开展了一场以“漫画岛”为待测对象的众包测试任务。“漫画岛”是一款基于安卓系统的 App，众包工人可以在任意安卓设备上安装使用。测试内容包括应用内的所有功能。

在这场基于贝叶斯博弈奖惩机制的任务中，奖励方面，我们使用虚拟币代替金钱薪酬；惩罚方面，我们使用对等消耗。

先说奖励机制。虚拟币带有经济属性，获得虚拟币的工人，可以用它来兑换实物奖品，奖品价值从几百至几千不等，所兑换奖品价值一定与所持有虚拟币数量对等。奖品通常与 IT 相关，风格偏年轻化，比如电子产品等，这符合众包工人的职业背景，更能引起他们的参与欲望。奖品库定期更新，期待能带动提升众测任务的关注度。另外，奖品库中的奖品数量是有限的，可能无法满足众包工人的所有需求，为此保留了购物卡等类型的奖品，众包工人可以等值兑换。虚拟币的时效性是长期的，如果众包工人对当期的奖品或低价值奖品不感兴趣，还可以累积虚拟币到后期兑换新奖品或高价值奖品。

如果是社会或企业任务，还会提供一批有实际价值的礼品，也包括一些知名企业的直面机会，甚至是直录机会等。比如在 2019 年全国大学生软件测试大赛中，平台方就提供了这样的机会，有两位同学因为表现格外优异，被腾讯 WeTest 部门直接录用。

虚拟币的获得规则也有与其他众包测试平台的区别。我们倾向于将奖励投放到高质量的报告，也就是奖励提交高质量报告的工人，“谁干得好，就奖给谁”，这也是为了保证“纳什均衡”。也许，有那么一部分工人，也做出了贡献，但是他们的贡献度与平台付出的成本不成正比，那么就不会得到奖励。

“漫画岛”众测任务将奖励资源分配到成绩在头部范围的众包工人，没有进入头部线的众包工人，将无法获得虚拟币奖励。在头部范围内的众包工人，也采用阶梯式奖励机制，以贡献度区分，能者多得，也得到众包工人的认可。

尽管虚拟币仍然是经济属性，但是与直接的金钱激励相比，在任务结束之前，众包工人是看不到具体的奖品信息的，对未知的好奇心将刺激他们参加任务的动力。这也是奖惩机制中的一个博弈过程。

再来看惩罚机制。

“漫画岛”众测任务中，行为不端的众包工人将受到惩罚。行为不端包括有意或无意提交了无效报告的行为，在基于贝叶斯博弈的奖惩机制里，只关心报告的结果，而不关心众包工人的主观意识。

惩罚机制中的对等消耗，是指消耗众包工人的“正奖励”。具体的博弈规则是，单份有效 bug 满分计正 10 分，无效 bug 计负 10 分，总分为正负相加之和。单份 bug 并不是满足有效条件就计正 10 分，具体分数还要根据报告内容的规范性、完整性、时效性等维度酌情判定。

惩罚机制具备对等性，对众包工人形成了威慑力，发现有效 bug 一定会耗费众包工人的时间与精力，如果被惩罚对等消耗掉，所有的努力都付诸东流，自然会谨慎提交。

奖励与惩罚机制都有各自的目的。“奖励”能招募更多的众包工人，保障任务在计划内完成；“惩罚”能降低 bug 报告的无效率，提高任务质量，进而提升众包测试平台的信誉度。

奖励与惩罚机制在“漫画岛”众测任务中相互补充，因为惩罚机制的存在，阻断了因奖励机制引起的投机行为。

从任务的数据来看，61 位众包工人提交了 129 份 bug 报告（去重后）。61 是报名的人数，其中包括报名但未实际参与的众包工人。在对众包工人的行为数据进行分析之后，我们勾画出众包工人在任务中的风险曲线，如图 4-35 所示。

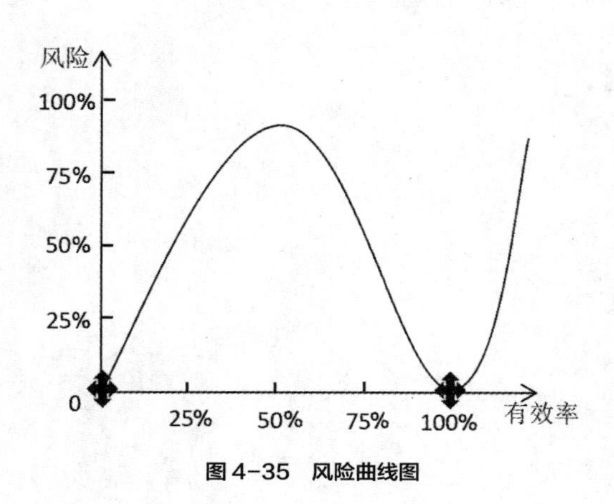

图 4-35 风险曲线图

在图 4-35 中横坐标有两处标记点，左侧标记点代表众包工人未提交 bug 报告，右侧标记点代表众包工人所提交的均为有效报告。理论上，在这两种情况下，众测任务的风险将达到最低值。

在基于贝叶斯博弈的奖惩机制中，奖励与惩罚的部分信息被隐藏掉，众包工人企图实施独裁策略的概率被降低，他们通过真实行为换取到的收益远远超过通过虚假行为获得的收益。

“漫画岛”众测任务证明，基于贝叶斯博弈的奖惩机制可以显著提高众测项目的报告质量。另外要注意的是，我们在决定奖励额度的时候，要结合当地的人均经济水平，水平线是众包工人的固有印象，奖励额度过多或过少都会影响激励相容策略。当然，额度越高，众包工人积极性就越强。但是，当额度达到一定程度时，会影响众包测试平台的效益，造成资源的浪费。所以，还要注意寻找奖惩机制的平衡点。

本章小结

众包工人通常是利用空闲时间完成众包测试任务。众包测试的本质是软件测试，测试人才的充裕与否，是决定众包测试效果的因素之一。我国软件产业起步较晚，软件测试人才更是存在严重缺口，这可能导致软件质量存在隐患。

众包测试人才的培养不能仅靠某一方面的努力，而是需要产教学研多方融合。人才的培养应该尽早开始，在本章中，案例中的众包测试平台与南京软博会工业 App 软件测试比赛、全国大学生软件测试大赛进行对接，设置众包测试赛项，让学习软件测试专业的大学生、从事软件测试相关工作的在职人员、研究众包测试的专家等都参与进来，驱动学生学习、职员提升、科研进步等。

众包工人的积极性是决定众包测试效果的另一因素。在案例14、15中，众包测试平台与科研单位或学者结合项目数据来研究众包工人的心理，制定合理的奖惩机制，从科学的角度完善众包测试的模式细节，优化任务分配等内容。

05 群体智能协作测试实战案例

我们在第 1 章的 1.3 节中已经讲到，“群体智能协作测试”是“众包测试”的升级版，其利用更前沿的理念、更先进的技术解决众包测试存在的问题。它充分把握住两点：群体的智慧和群体的协作，优化“1+1 等于 2”的模式，创造“1+1 大于 2”的效果。互联网的出现打破了物理时空对大规模人类群体协同的限制，促成了基于互联网的人类群体的出现。互联网使得人类信息的总量、信息传播的速度和广度都在快速增长，为群体智能完成软件开发等复杂宏观任务创造了前提条件。

本章将选取典型的"群体智能协作测试"实战案例进行解析，对比传统众包测试与群体智能协作测试之间的异同。

- 案例 16，主要介绍"群体智能协作测试"中的实时任务推荐，解决传统众包测试中众包工人无法清晰把握软件脉络的问题。
- 案例 17，主要介绍"群体智能协作测试"中的 Fork 机制，探索如何在源头减少重复性报告的问题。
- 案例 18，主要介绍"群体智能协作测试"中的点赞点踩机制，探索众包工人实现协同合作的方法。
- 案例 19，主要介绍"群体智能协作测试"利用自动化评审等技术，解决传统众包测试中人工整编缺陷报告费时费力的问题。
- 案例 20，主要介绍"群体智能协作测试"中智能化标签体系的建立，探索精准筛选众包工人的方法。

案例 16 众测活地图开启实时任务导航

众包测试有一个特性——"并行"，意思是"众"里的每一个单位成员同步地进行测试。这是因为，一个众包测试项目的开始、结束时间是固定的，而所有的参与者又几乎是在同一时刻开始，同一时刻结束，这就必然会出现多人以并行的方式探索 bug 的情况。

从某些角度来看，这个特性是负面的，所有人并行完成同一件事很容易出现"偏科"现象。以 Web 功能测试为例，有的功能被很多人测试到，而有的功能几乎没有被测试到。测试力度分配极不均衡，不知如何分配精力，用"盲人摸象"来比喻也不为过。我们在以往的几个众包测试项目中，也亲身感受过"并行"带来的负面影响。

比如，在几年前，我们曾经落地实施过一次"ToB"的众测解决方案，当时的被测对象是一家大数据企业的分析系统，系统模块繁多，业务极其复杂。虽然招募了很多众包工人，但是在最后梳理缺陷报告的时候，我们却发现存在非常严重的"两极化"现象，70%的缺陷报告只覆盖了 40%的模块，而对于剩余占比 60%的模块却只提交了一些零零散散的缺陷报告。起初，我们认为是这部分模块质量过硬，确实 bug 较少，但随着逐步的核验，这一想法被打破，那 60%的模块存在非常多的 bug。从图 5-1 中可以直观地感受到这种不对称性现象。

这是为什么呢?

团队对该项目数据进行了多方位的分析，答案也渐渐浮出了水面。

首先，70%的缺陷报告所覆盖的那 40%的模块，都是一些层级较浅的模块，像系统登录、首页检索、主菜单等。这些模块在一条完整的操作流程里处于靠前的位置，大多数众包工人会按照从前至后的顺序进行测试，必然会测试到它们；且它们与业务的关联性不强，即便由于后期待测对象的复杂性，导致众包工人在产生畏难情绪时选择放弃，也不影响前期测试结果的输出。这就是所谓的"长尾效应"，众包工人大多集中在易于发现问题的模块。

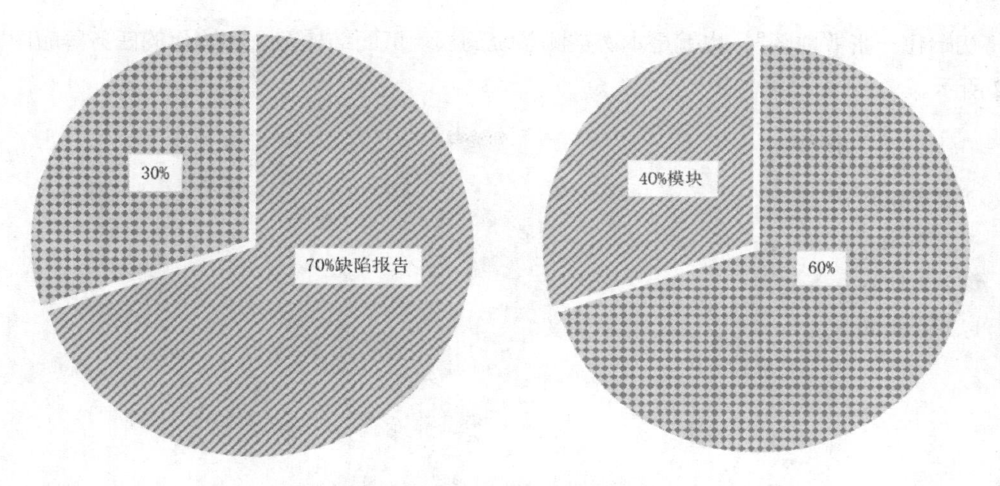

图 5-1　缺陷报告（左）和被测对象（右）

其次，这一次的待测对象确实被细分出非常多的模块，且信息匮乏。如果没有做好合理的测试规划，不能对全局有整体的把握，很容易劳动过载，造成思绪混乱、效率下降。所以我们认为过多的系统模块也是一个重要的原因。

在调查了部分参与者的想法后，我们基本印证了上面的分析。“时间有限，就测试了其中的几个模块”“后面 MR 分析的部分有点复杂，我就没有继续测试下去”“模块太多了，测着测着就眼花缭乱，不在状态了”“感觉自己浪费了好多时间，别人应该比我先找到了 bug，我就放弃了”……

这个项目结束之后，我们决定对众包测试的这一不足进行改进。要想解决这一问题，关键点在于要给众包工人一个指引方向，让众包工人做到“知己知彼”，建设一个清晰的全局观。为此，我们研究出一种推荐算法，该算法包含工人测试学习与偏好，基于该算法，我们搭建了一种类似于“地图导航”的任务推荐模型。

这里的“地图”指的是待测对象的所有模块页面，前期我们将待测对象分解，告诉众包工人要测试多少个模块，模块间有什么样的层级关系。模型就像一张地图一样，平铺开来，一眼就能看清全局的分布情况。

有了“地图”，还要让地图“活”起来，进行“导航”指路。如果你是一位众包工人，那么你希望了解的应该是你的对手发现了多少 bug，发现了哪些模块的 bug，哪些模块的隐藏 bug 还没有被找到，等等。只有把好钢用到刀刃上，你才能做好规划，把精力聚焦到空白的部分，找到别人还没有发现的 bug。

为了检验该模型的效果，我们之后组织了多场以训练模型为目的的测试任务。这里以其中一场测试任务，带大家看一下“地图”是如何“活”起来的，“活地图”又是如何开启任务导航的。

这一场的测试任务，我们以某 Web 网站为待测对象，选择了其中 6 个主要功能作为测试内容。共招募了 150 多名众包工人，年龄在 20～35 岁之间，主要为在职 IT 工程师、在校师生，任务采用线上形式，时长为 4 个小时。

当众包工人进入平台的缺陷报告编辑页面时，可主动触发“任务导航”功能，确认触发后，系统将初始化一张“地图”，也就是本次被测系统的模块页面结构图，初始化的任务导航图如图 5-2 所示。

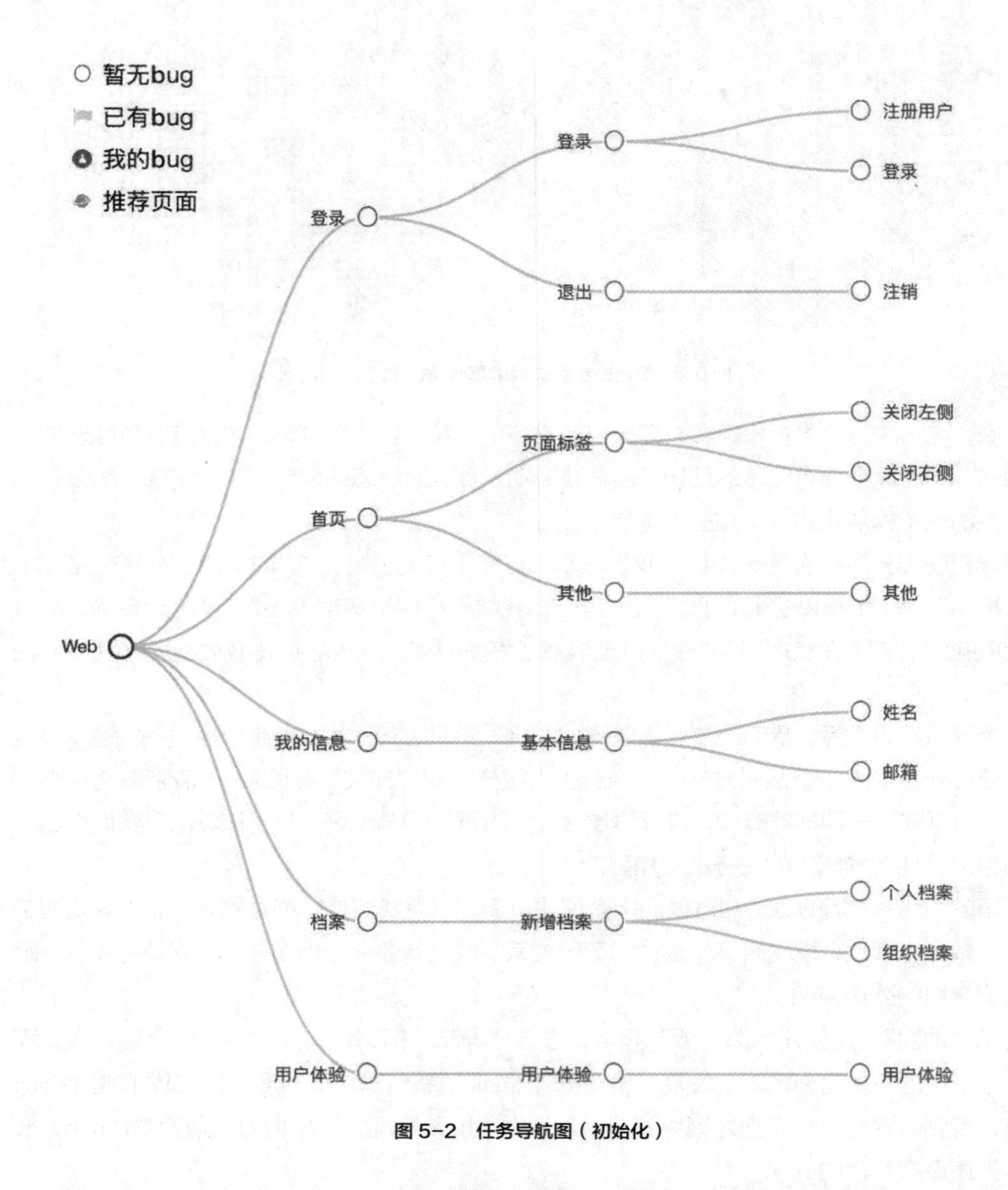

图 5-2　任务导航图（初始化）

众包工人可以从“地图”上看到，被测系统被整体分割为 5 个部分，呈横向树状有向分布，层级关系清楚，结构脉络一览无余。这样的一张“地图”摆在面前，可以彻底消除众包工人在以往对待测对象的那种模糊感，做到有的放矢。

在“地图”的左上角，标有 4 种页面状态：暂无 bug、已有 bug、我的 bug、推荐页面。4 种页面状态分别用不同类型的图标进行表示，初始化的“地图”页面中全部是空心圆形的“暂无 bug”图标，这表示当前所有的页面都没有被提交 bug。随着测试任务的推进，其余 3 种状态将逐步登场，“地图”开始“活”起来。

“活地图”可以实时更新，当某位众包工人提交了“登录-登录-注册用户”页面的bug后，就有了变化。从第一人称视角看，“注册用户”处出现了代表“我的 bug”的图标，而未发现bug的页面仍以空心圆表示，如图5-3所示。

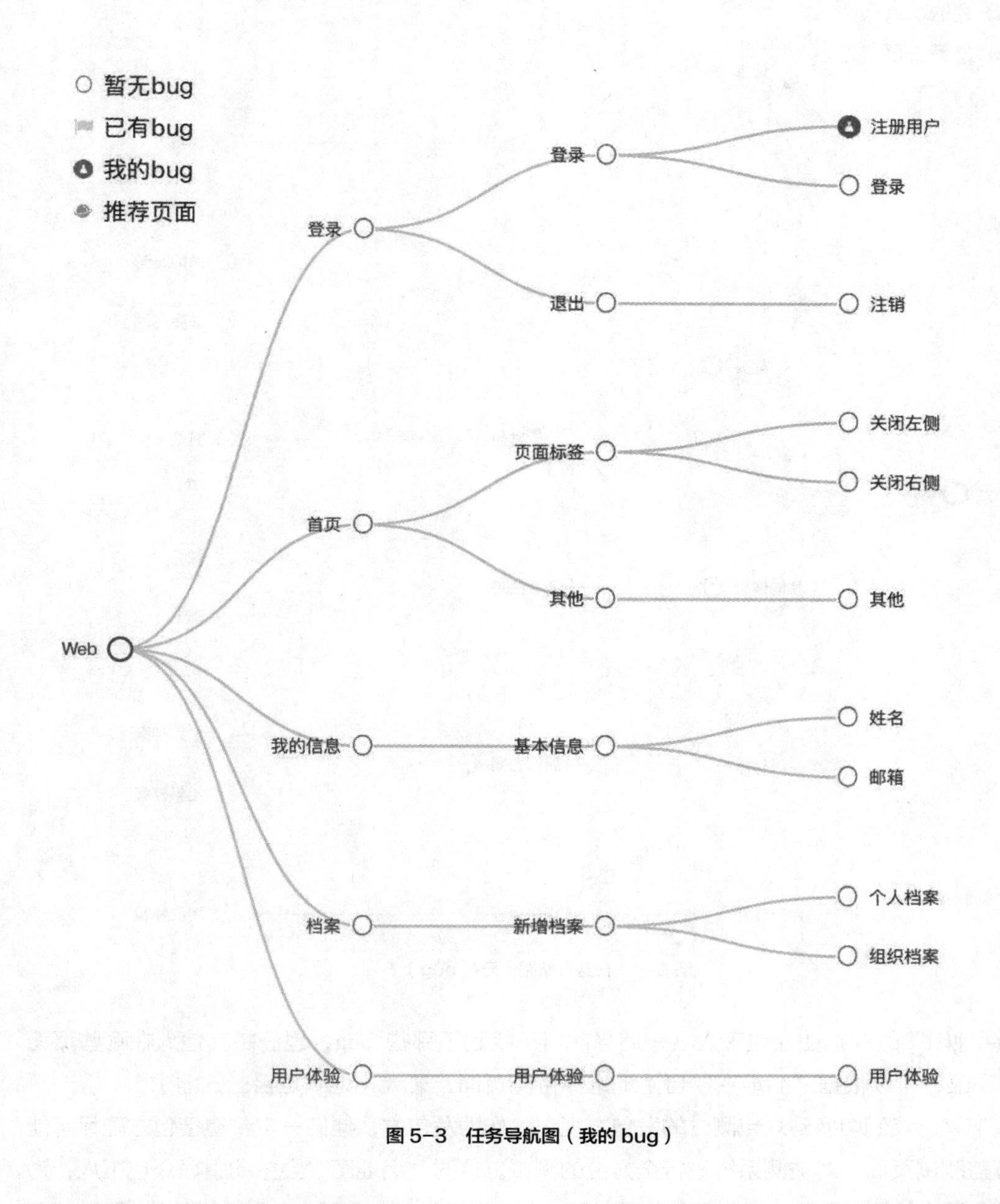

图5-3 任务导航图（我的bug）

如果从第三人称视角看“登录-登录-注册用户”页面的这个bug，它就变成了代表“已有bug”的小旗图标，如图5-4所示。因为这个bug是其他人提出的，不属于你，当然就是小旗图标了。图标的变化是实时的，众包工人可以及时了解到目前被测系统的哪些页面还未发现bug，哪些页面已经被其他人发现了bug，从而做出合理的测试规划。

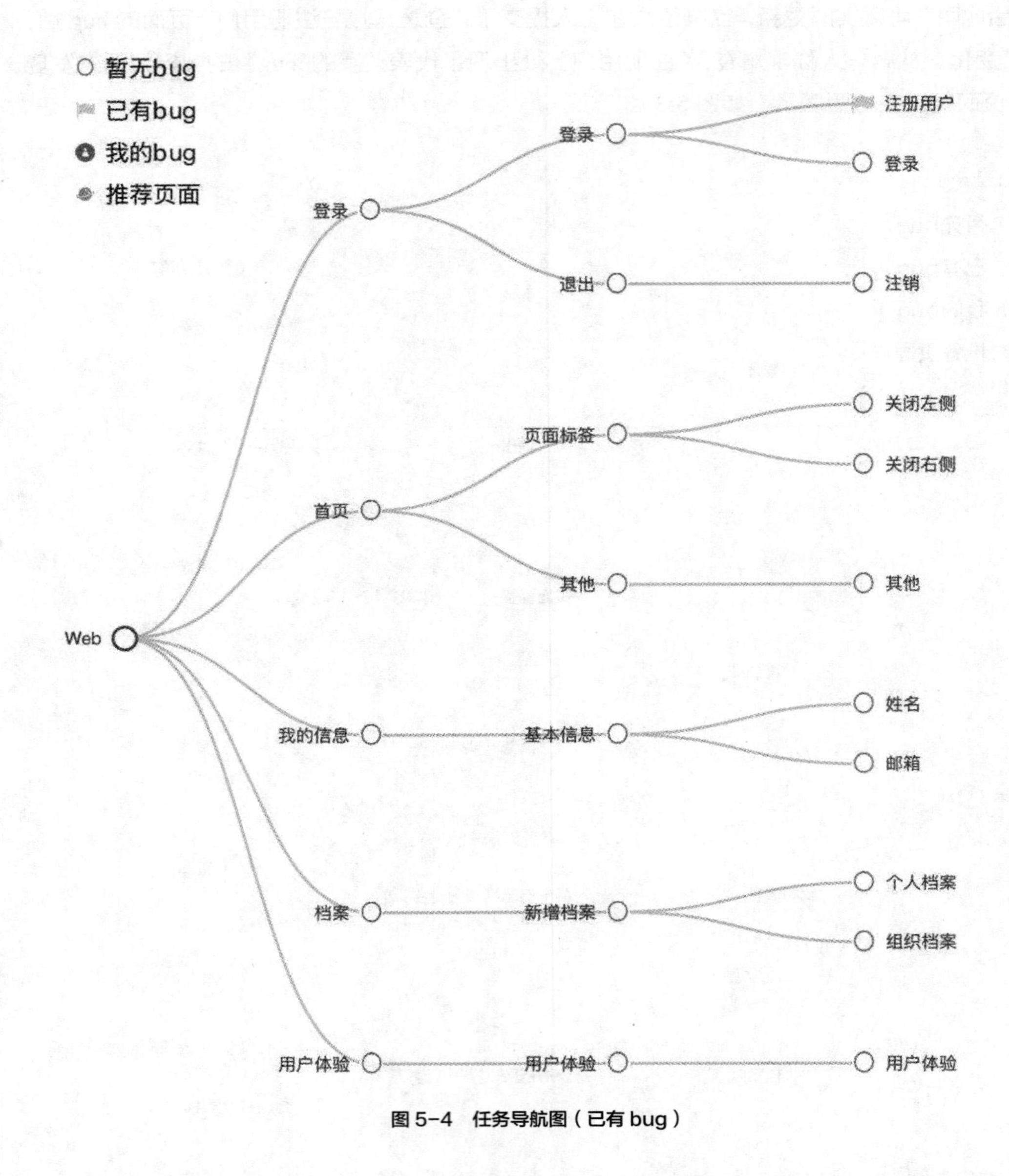

图 5-4 任务导航图（已有 bug）

“活地图”的存在使众包工人既知道当前自己找到了哪些 bug，也清楚其他人在哪些页面找到了 bug，可以根据“活地图”自主地选择待测页面，最大化地满足自己的需求。

接下来，我们切换到众包测试的发包方视角，作为发包方，他们一定希望接包方能尽可能多地覆盖测试页面，对被测系统进行全方位的测试。这时“活地图”会主动引导众包工人，为其推荐最适合的测试页面。众包工人在提交完一个 bug 报告，执行下一个测试任务前，“活地图”会依据该众包工人的历史提交记录及当前整体的提交情况，生成页面间的跳转关系图，使用邻接矩阵与全局最短路径 Floyd 算法进行任务推荐。任务导航图（任务推荐）如图 5-5 所示，系统经过分析后，推荐了还处于“空白”的页面，被推荐的整条路径都被对应颜色的球状图标标记，并且动态闪烁提示。

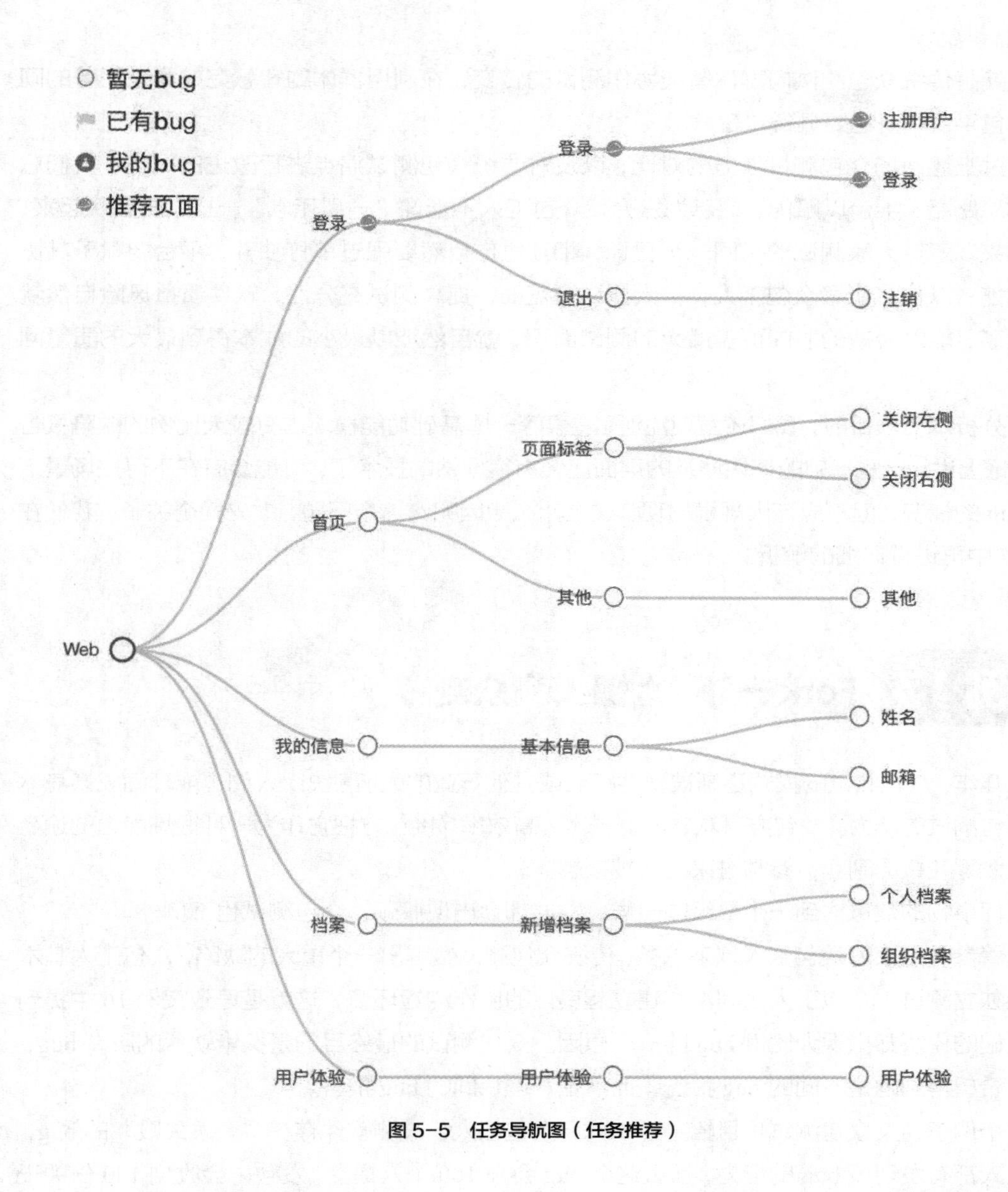

图 5-5　任务导航图（任务推荐）

这一次的测试任务结束后，笔者对测试数据进行了分析。结果显示，无论是页面覆盖率，还是测试效率，群体智能协作测试的效果都要优于传统众包测试。4 小时的时间里，几乎所有的页面都被覆盖到，覆盖率达到 94%；70%的缺陷报告被认定为有效，众包工人个体覆盖均衡率也有很大提升，被测模块“扎堆”现象几近于无。

同时，为了获得推荐模型的客观评价，平台对参加本次任务的工人进行随机无差别调研，调研人数为 101 人，结果显示：101 人中有 81 人（占比 80.2%）认为在任务中使用推荐模型是有意义的，有 55 人（占比 54.5%）认为前 3 条推荐内容非常有用，有 78 人认为提交缺陷后的推荐更新有助于快速定位测试路径。

这次调研结果表明：众包工人对智能推荐模型反馈较好，推荐模型得到了认可，具备推广价值。

这就是传统众包测试向群体智能协作测试的转变，在利用群体的智慧完成测试任务的同时，众包平台本身也要具备“智慧”。

通过上述两场众包测试任务的对比，以及对传统众包测试痛点进行改进的阐述，我们总结出的思路是：平台以赋能，信息为媒介。众包工人不能像“一潭死水”一样，要活跃起来、协作起来。既然大家测试的是同一个目标，相互协作自然要强过单打独斗，平台要赋予其协作的动能；以信息引导众包工人，扩大测试覆盖面，提高测试充分性，软件质量风险自然就降下去了；能以最短的时间覆盖最大的测试面积，就自然能以最小的成本得到最大的质量回报了。

在分析本节项目时，我们还发现注册、登录等一些基础功能模块占有较大比例的缺陷报告时，理论上讲，这些基础的模块涉及的层面已经有很成熟的技术了，可能会有在不可控场景下出现 bug 的情况，但不应该大规模出现，这是什么原因呢？这个问题，就先卖个关子，我们在案例 17 中再进行详细的解析。

案例 17 Fork 一下，“懒人”众测

近几年，众包测试的模式逐渐被软件行业或其他行业的人所熟知，人们也或耳闻或亲身体验过众包测试的魅力。发包方喜欢它的低成本、高效率，接包方把它作为一种锻炼能力的途径或者赚取零花钱的副业，参与进来的人越来越多。

任何事物的数量达到一个量级的时候，发展都会出现瓶颈，众包测试也不例外。

随着参与进来的众包工人越来越多，传统众包测试暴露出一个重大的缺陷，众包工人基本都是在独立测试，众包工人之间没有建立起良性的协作沟通环节，这就是导致案例 16 中提到的很基础的模块却出现大比例 bug 的一个原因。众包测试的最终目的是探索软件的所有 bug，发包方希望得到的是不同的 bug 报告，而不是一堆相同的 bug 报告。

举个例子，某众包测试项目招募了 100 名众包工人，被测软件存在“登录失败”的 bug，假设人人都有发现该 bug 的能力，那么这个 bug 会被 100 个人提交，发包方会收到 100 份关于“登录失败”的 bug 报告，但实际上，他需要 1 份就够了，重复 bug 报告示意图如图 5-6 所示。虽然这 100 份相同的 bug 报告在收敛时会带来很大的困难，但我们在本案例中不讨论如何处理这 100 份相同的 bug 报告，而是探寻如何从源头去重。

原因我们已经讲过了，众包工人之间不能进行有效的沟通，缺乏协作。那么，如何让众多的众包工人进行实时有效的协作沟通呢？众包测试通常采用线上形式，众包工人也处于不同的空间，难道我们还要收集众包工人的即时通信账号，建立群聊？很明显，无论是面聊还是线上群聊，这是不符合常理，也是不现实的。既然不能在“人”上解决，那么可以尝试在众包测试平台上解决，让 bug 之间进行“通话”，完成协作沟通的目标。

再来介绍一个名词：Fork。

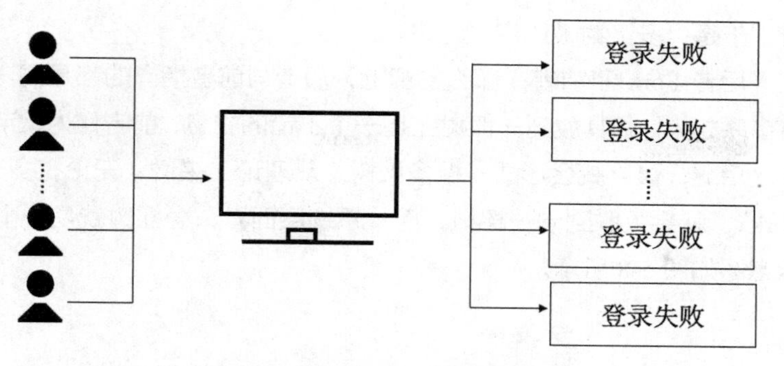

图 5-6　重复 bug 报告示意图

Fork，在 UNIX 系统中代表分叉函数，在 Git 中代表复制代码到本地，你可以发挥你的想象进行编码，并重新提交回原仓库。这里有一些开源的味道了，众人参与完成一个项目的编码工作，对项目创始人而言，他创建了项目的基础模型，其余人对其进行了完善，他得到的是一个完整的项目；对其余编码参与者来说，他们“懒”得去从底层构建项目，而是直接基于一个雏形进行代码丰富，他们同样得到了一个完整的项目。

软件开发如此，软件众包测试同样可以采用这样“偷懒”的方式。

传统众包测试中，每个人单独提交 bug，这才导致大量重复 bug 报告的出现。如果众包工人在提交 bug 报告时，众测平台能够告知其是否为第一个提交者，就可以帮助其选择更加合理的操作。

如果是第一个提交者，众包工人只需完成提交的操作即可；如果系统提示已经有人抢先一步了，后来的众包工人就可以利用“Fork”机制，复制前者的 bug 报告，并对其进行完善和补充，比如增加前置条件、复现步骤更加详细、补充 bug 截图等，使之成为一份区别于前者的 bug 报告。

截止到现在，100 份相同的 bug 报告进化成 100 份不同的 bug 报告了，不同 bug 报告示意图如图 5-7 所示。

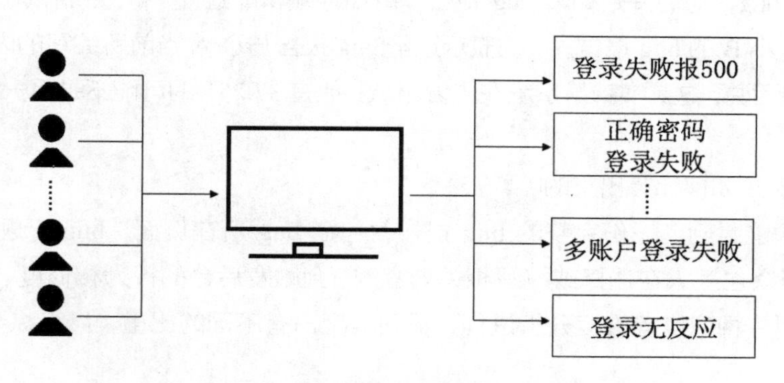

图 5-7　不同 bug 报告示意图

但是，不管每一份 bug 报告的描述多丰富、多完善，报告的总数仍然是每个人单独提交汇聚而成的 100 份。于是，多叉树被引用了进来。

既然众包工人后者 Fork 了前者，那么主观上，后者与前者指向的都是同一个 bug，我们完全可以将两者串联起来。将其放到一棵树上是一个不错的主意，前者作为父节点，后者作为子节点。以此前赴后继，最终就会形成一棵多叉树。从理论上来讲，无论有多少份 bug 报告，只要采用了“Fork”，就会关联到同一棵树，而从系统层面看，一棵树就是一个完整的 bug，多叉树的使用示意图如图 5-8 所示。

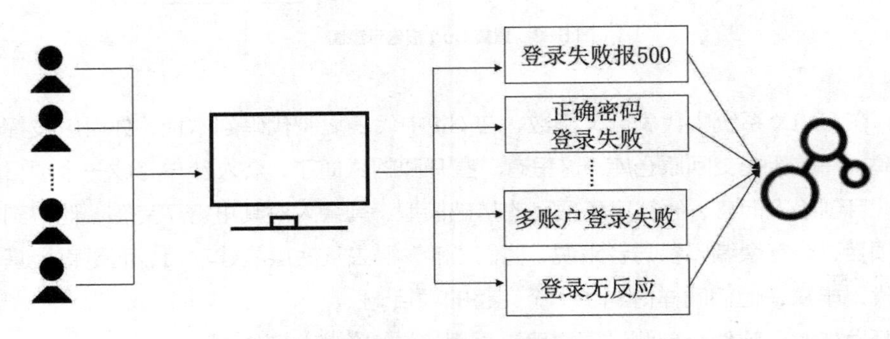

图 5-8 多叉树的使用示意图

至此，传统众包测试中困扰大家多年的重复 bug 报告的问题迎刃而解，这也正是群体智能协作测试中协作方面的体现。

在本章的前面我们说到，只要众包工人知道自己不是第一个发现 bug 的人，就能够采取措施避免提交重复报告。

那他怎么才能知道自己是不是“第一人”呢？

我们将这个问题带到 2017 年 10 月的“去哪儿网”测试项目中去剖析，同时看一下“Fork”到底展现出来什么样的惊艳效果。

如图 5-9 所示的是这次项目中的一份 bug 报告，众包工人小 A 在测试中发现了一个关于“客服电话”的 bug，随后开始编辑 bug 报告，就在他编辑的过程中，系统在页面右侧推送了另一位众包工人小 B 的 bug 报告。系统显示这份 bug 报告与小 A 当前所编写的内容有 37.25% 的相似度，换句话说，这其实就是系统在告诉小 A，他有 37.25%的可能不是第一个发现该 bug 的人。

那么 37.25%是如何计算出来的呢？

在图 5-9 中能看到，一份完整的 bug 报告，包括 bug 所在页面、bug 标题及描述、bug 截图等部分。当众包工人在选择或编写相关内容时，会触发后台的行为相似度、文本相似度、语义相似度、图片相似度等维度分析进程，不同维度占有不同的比重，最终综合计算出相似度值。

要注意的是，“懒人”众测是惜字如金的，众包工人应当在最小的成本下就可以获悉自己是不是第一人。所以，众包测试平台会实时“监听”众包工人的操作，当感知到状态变化时，会再次读取众包工人提交的报告信息，重新计算相似度，推送最新的 bug 列表。当众包工人小A在补充了bug描述后，推荐列表下对应bug的相似度值更新为53.58%，如图5-10所示。

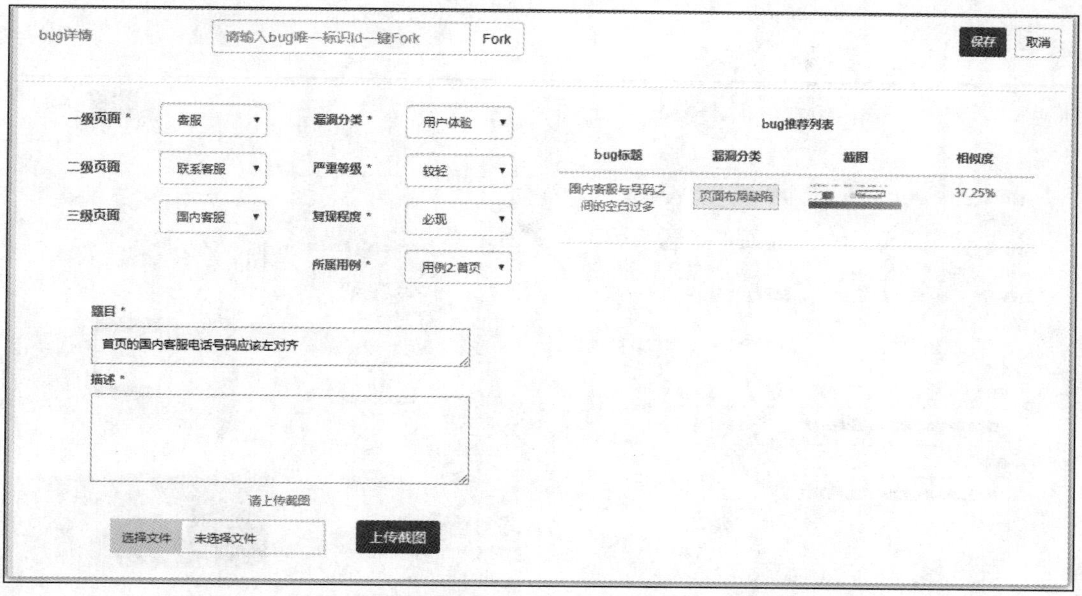

图5-9　Fork机制bug推荐

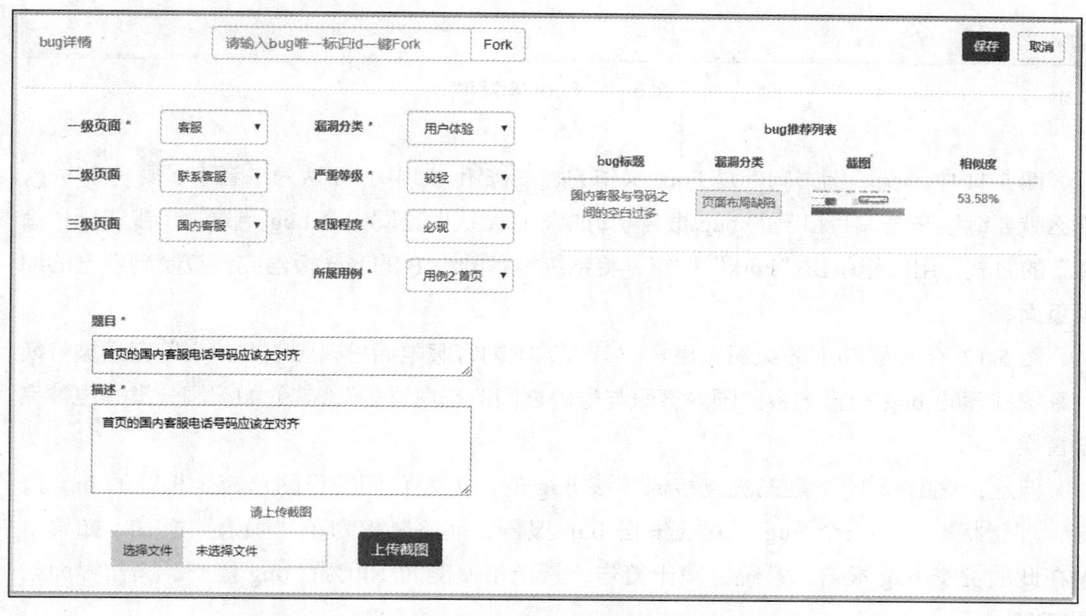

图5-10　Fork机制相似度更新

众包工人在接收到自己有可能不是"第一人"的信息后，就可以查看推荐bug的详细情况，以确定后续的操作。

图 5-11 所示的 Fork 操作页面中，小 A 在单击右侧推荐列表中的 bug 后，就能够看到该 bug 报告的完整内容。当小 A 在查看推荐 bug 的题目、描述、所在页面等详细信息后，基本可以断定自己想要提交的是否与推荐的是同一个 bug。

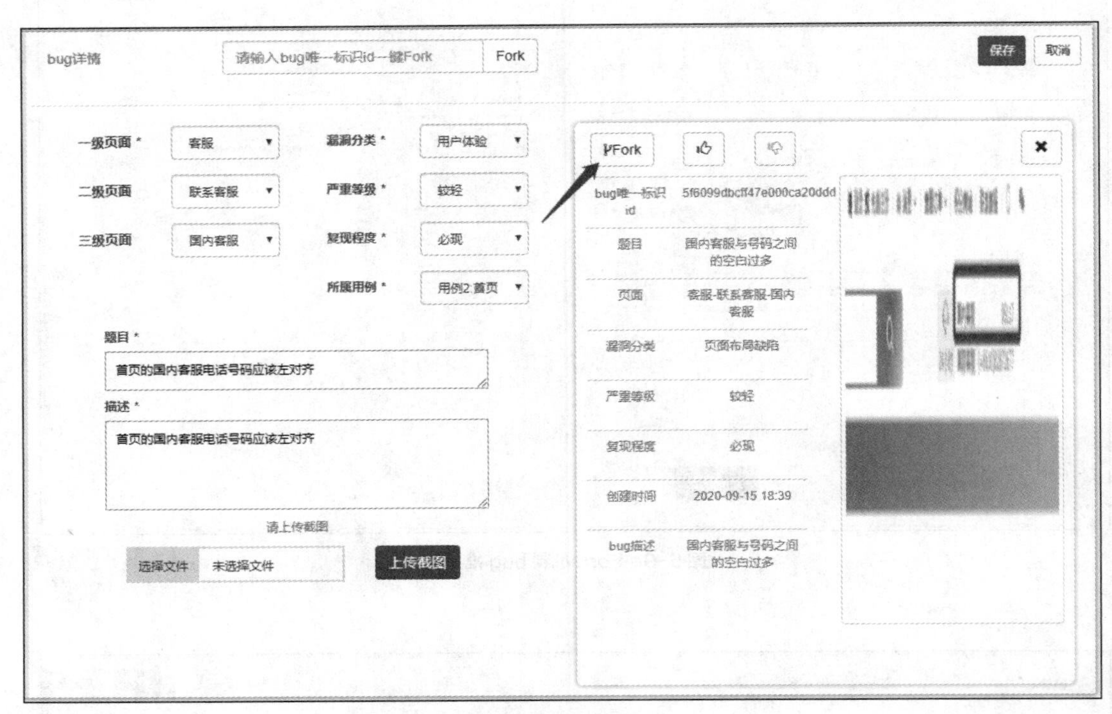

图 5-11　Fork 操作页面

图 5-11 中箭头所指方向就是 Fork 操作的触发按钮。如果小 A 认为二者不是同一个 bug，那么就要继续辛苦编写自己的 bug 报告了；如果小 A 认为是同一个 bug，那么就可以采用“偷懒”的方式，用鼠标单击“Fork”按钮，将系统推荐的小 B 的 bug 报告完整复制到自己的编辑页面。

图 5-12 所示为 Fork 效果图，原本“首页的国内客服电话号码应该左对齐”已经被替换为系统推荐的 bug 报告内容“国内客服与号码之间的空白过多”，其他如漏洞分类等也被完全替换。

但是，这时候小 A 是无法直接保存该 bug 的，因为我们的目的是减少相同的 bug 报告，理想状态下，一个 bug 只对应一份 bug 报告，而不是仅为了“懒人”模式。如果小 A 在此时提交 bug 报告，系统会发出警告，禁止相似度为 100%的 bug 提交，操作界面如图 5-13 所示。

正确的做法应该是，小 A 在 Fork 的基础上，对复制过来的 bug 报告进行补充、修正，使之更加完善，比如添加更详细的前置条件、复现步骤，或者上传更具体的 bug 截图等。在降低相似度之后，再次保存，才允许提交该 bug 报告，完善后的 bug 报告如图 5-14 所示。

bug详情
请输入bug唯一标识id一键Fork
Fork
保存
取消
一级页面 * 客服
二级页面 联系客服
三级页面 国内客服
漏洞分类 * 页面布局缺
严重等级 * 较轻
复现程度 * 必现
所属用例 * 用例2:首页
bug推荐列表
bug标题 漏洞分类 截图 相似度
国内客服与号码之间的空白过多 页面布局缺陷 100%
题目 *
国内客服与号码之间的空白过多
描述 *
国内客服与号码之间的空白过多
请上传截图
选择文件 未选择文件
上传截图

图 5-12 Fork 效果图

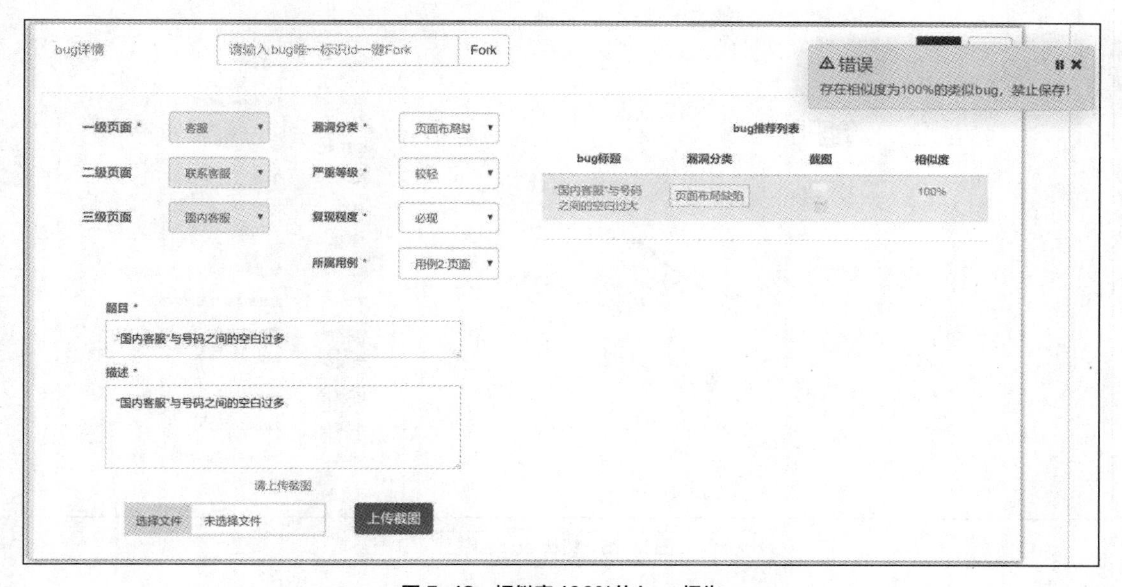

图 5-13 相似度 100%的 bug 报告

这样，两个针对“国内客服”的 bug 已经串联到一棵树上了，图 5-15 所示就是后台可见的树状 bug 效果。作为后台管理人员，能够直观地查阅树上每个节点的详情内容，以一棵树来确定一个 bug，上游阶段减少重复 bug 报告的输出，可以在后期 bug 报告收敛的时候，节省大量的人力成本和时间成本。

图 5-15 中只有两个 bug，接下来我们来看一个数目较多的 bug 树，感受一下 Fork 带来的效果。

bug详情
请输入bug唯一标识id一键Fork
Fork
保存
取消
一级页面 *
客服
二级页面
联系客服
三级页面
国内客服
漏洞分类 *
页面布局缺陷
严重等级 *
较轻
复现程度 *
必现
所属用例 *
用例2:首页
bug推荐列表

bug标题	漏洞分类	截图	相似度
国内客服与号码之间的空白过多	页面布局缺陷		76.68%

题目 *
首页，"国内客服"与电话号码之间留的空白过多
描述 *
1.进入去哪儿网首页
2.右侧菜单栏，"国内客服"与电话号码之间留的空白过多，影响用户体验。
请上传截图
选择文件 去哪3.png
上传截图

图 5-14 完善后的 bug 报告

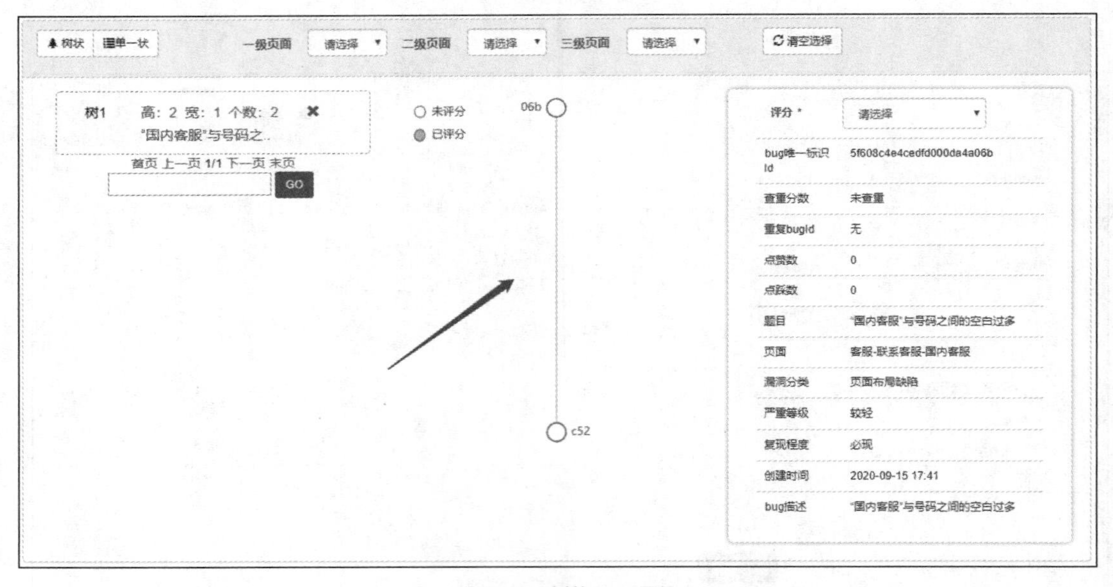

图 5-15 树状 bug 图

图 5-16 所示的树状 bug 图中，树 3 有 20 个 bug 节点，形成了一棵高 5 宽 8 的多叉 bug 树，这 20 个节点原本每个都是独立的 bug 报告，通过 Fork 模式，由 20 精简为 1。假设 1 份 bug 报告需要 10 分钟的审核时间，这棵树至少节省了 3 小时的时间成本。这仅仅是其中一棵树的效果，扩大至全局的话，将会为整个项目节省一笔可观的时间成本。

从图 5-16 中还可以看出，所有的子节点，并非全部挂载到根节点下，有一部分是挂载到子节点下的。出现这种状况的原因是不同的众包工人，bug 描述文本不同、语言风格迥异，再加上其他属性上的差异，众包测试平台在判别相似度时，有可能会认为某份 bug 报告与根节点的相似度较低，但与某个子节点的相似度较高，那么就会将子节点推荐给众包工人。

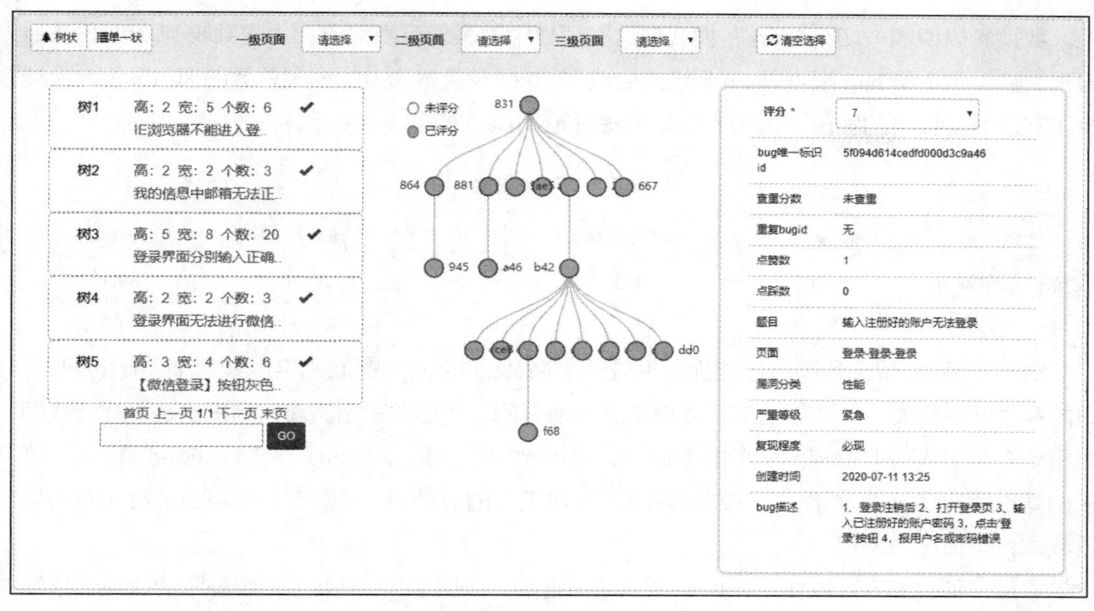

图 5-16　树状 bug 图

众包测试平台计算相似度是一个难题，很难做到 100%的准确率，存在误推或相似度排序错误的情况。因此，众包测试平台应当将所有认为相似的 bug 报告全部推荐出来，如图 5-17 所示。bug 推荐列表按相似度降序排列，将选择权交到众包工人手里，通过查看具体内容来确定是否采取 Fork 操作。

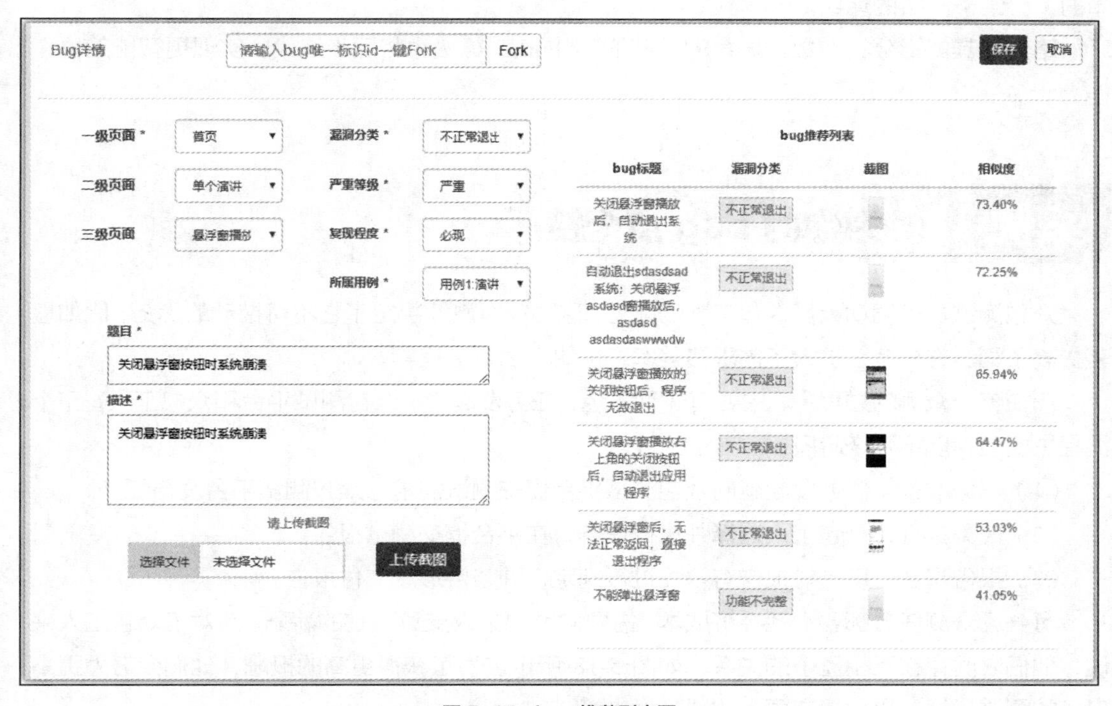

图 5-17　bug 推荐列表图

数据可以说明一切，“Fork”模式在这次项目中的表现可圈可点，本次共收到 201 份 bug 报告，其中 161 份 bug 报告以 Fork 模式生成了 20 棵多叉树，占数据集总数的 80.1%，大大减少了冗余 bug 报告的输出，报告收敛效率提升近 70%，如表 5-1 所示。

表 5-1　Fork 占比

测试项目	bug 报告总数	采用 Fork	树	未采用 Fork	占比
去哪儿网测试	201	161	20	40	80.1%

软件产品中，做到各项指标都优是很难的事情，比如空间与时间的平衡就是个头疼的问题，只能拿时间换空间，像数据压缩；或者拿空间换时间，像建立索引。众包测试也是一样，我们既希望众包工人可以覆盖到更多的测试点，又不希望提交重复的 bug 报告。“Fork”模式，可以说基本解决了这个难题。它一方面兼顾了众包工人的劳动量、覆盖率，又兼顾了发包方的项目成本，可谓一举两得。

本是一种“懒人”操作，却燃烧了 bug 报告的“卡路里”，带来了“瘦身”的效果，这就是群体智能协作测试的另一大“神器”。

相比较于传统众包测试，“Fork”的出现将众包工人分散的智慧凝聚到一点，是增强协作的有效手段。同时，因为使用 Fork 需要花费众包工人的时间，比如查看推荐列表内的报告详情，难免会有众包工人懒于查看的情形。所以，在未来，众包测试平台要考虑到 Fork 模式的推广，吸引众包工人使用 Fork，比如在本例中，就在 bug 报告的评审规则中，要求采用 Fork 模式的 bug 报告按正常规则评审，而本身已经是重复 bug 却没有采用 Fork 模式的，在最终评审时，会给予一定的惩罚。

路漫漫其修远兮，在数据培育的基础下，“Fork”算法也将逐步迭代，实现更智能的协作能力。

案例 18　为你的 bug 点个赞

众包测试具备调动大量众包工人的能力，这种独有属性决定了它不可撼动的优势，比如显著提高了测试充分度，扩大了需求覆盖率，加快了项目进程等。

而在整个众测的过程中，主要有 3 种角色：任务发起者、众包测试平台和众包工人。整个流程主要包含以下几个阶段。

（1）任务准备：任务发起者向众包测试平台提交测试需求，众包测试平台发布任务。

（2）任务执行：众包工人选择并执行任务，在平台提交测试报告。

（3）报告整合：平台对报告有效性进行判定，并整合形成交付报告。

每一场众测任务都要消耗经济成本，需要向众包工人支付一定的薪酬。而对于众包工人来说，他们之间存在互相竞争的关系，如图 5-18 所示。为了获得更高的报酬，他们会努力提高自己的测试指标，比如提交更多的缺陷报告等。

图 5-18 众包工人间存在竞争关系

竞争是众包测试的天性使然，而除此之外，众包工人在执行众测任务的时候，并非聚集在同一地点，而是异地参与，大多处于相对独立的空间内，每个人都专心于自己的众包测试任务，相互之间没有交流的渠道，持续单向地向测试平台输出信息。

这种“单兵作战”的方式，就导致了以下问题的出现。

（1）堆积大量的重复报告：众包工人对于他人已经提交到众包测试平台的缺陷报告并不知情，往往是多人提交同类报告，导致堆积了大量重复的缺陷报告。

（2）平台验证缺陷报告存在普遍性困难：以移动应用为例，市面上的移动设备具有不同的硬件型号、操作系统版本、网络状况等，众包测试平台往往受该类因素限制，在验证问题方面存在一定的困难。

如何解决这类问题呢？

答案是：转竞争为协作！

我们在这里需要思考一下众包测试发展的初衷。将一个测试项目分配给外部大量的众包工人来完成，分而治之是众测最核心的思想。众包工人是整个众测环节中最宝贵的资源，传统的众测模式中，这些资源只单一地流向测试执行环节，如果加以合理的利用，将这些资源应用到缺陷报告评审中去，以产出有利于报告整合的数据，那么将会大大减少众包测试平台对缺陷报告的验证性工作量。

这样，众包工人既是缺陷报告的“提交者”，又是缺陷报告的“审阅者”。当然，由于个体竞争关系不会完全被消除，所以，众包工人的审阅力度需要测试平台来平衡，最终的决定权仍然要掌握在平台手中。

要形成协作，测试平台应该向众包工人共享缺陷数据。当众包工人探索 bug 的能力达到极限或提交的缺陷报告达到饱和时，平台提供渠道让众包工人转向协作审阅。众包工人可以看到他人提交的缺陷报告，并且根据其描述，得出自己对该份缺陷报告的判断：认可或者反对该缺陷。认可该 bug，可为 bug 点个赞；反对则为 bug 点个踩，如图 5-19 所示。

以此，测试平台可以根据报告被点赞和点踩的数量判定报告所描述 bug 的有效性。我们假设同一份缺陷报告被点赞 100 次，被点踩 5 次，在两者悬殊的情况下，根据多胜少输的基本原则，可以初步断定，该缺陷报告有效。在后期的专家复核阶段，也不需要花费过多的精力，项目的验证效率自然就会提升上来。

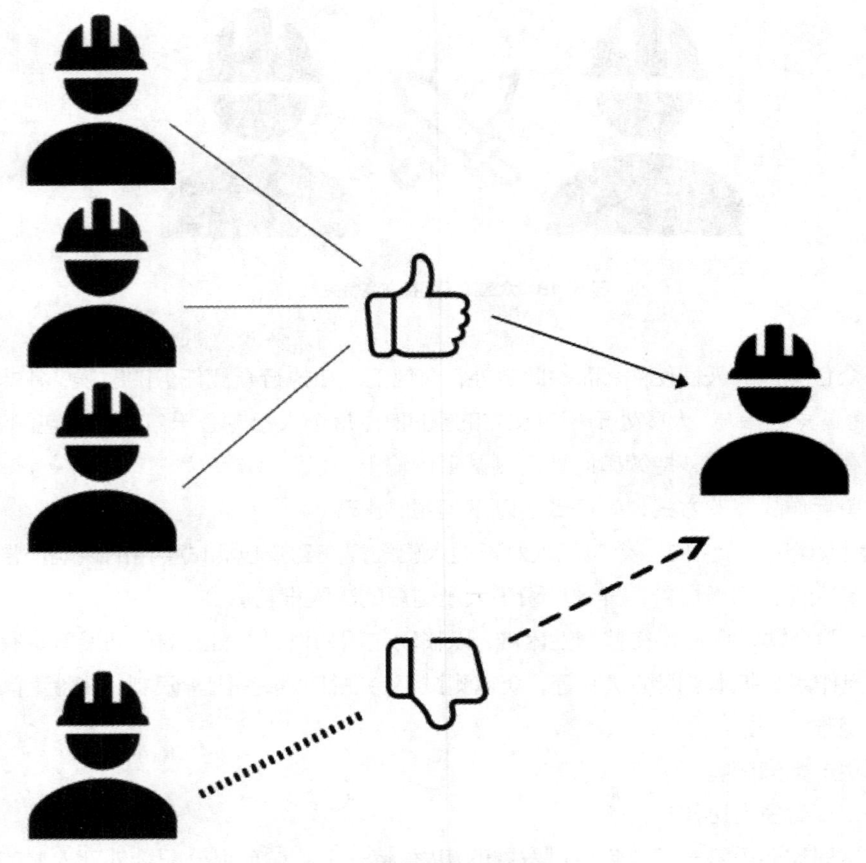

图 5-19　点赞点踩机制

2019 年 11 月，全国大学生软件测试大赛在羊城广州举行。其中，Web 应用众包测试的对象是航天中认软件测评科技有限责任公司提供的一款产品——航空运维管理系统。

该系统的主要功能是负责航空资产的管理与运维，包括全网拓扑监控、设备监控、告警管理、运维管理等，业务逻辑性强，页面层级纵深，模块嵌入功能繁杂，如图 5-20 所示。

如果采用传统众测模式，预期 240 名众包工人将提交 500～700 份缺陷报告，按审核一份缺陷报告需要花费 3～5 分钟计算，审核总时长需要 25～58 小时，无论是一场竞赛还是企业项目，这样的时长都是无法接受的。

所以，在这场众包测试的竞赛中，我们采用了“点赞点踩”的协作机制，众包工人之间由以往完全对抗的关系变为对抗与协作并存，如图 5-21 所示。

在规则上，鼓励众包工人在测试过程中协作（点赞点踩），并为此预留了 30 分钟，在竞赛最后的 30 分钟内，众包工人不允许提交 bug，而要对他人的 bug 进行审阅。

点赞与点踩都会落实到实际的收益当中。比如，某个 bug 经过专家审核后认定有效，则对该 bug 点过赞的众包工人都会得到一定比例的收益提成。同样，如果对认定无效的 bug 点踩，亦会得到收益提成。

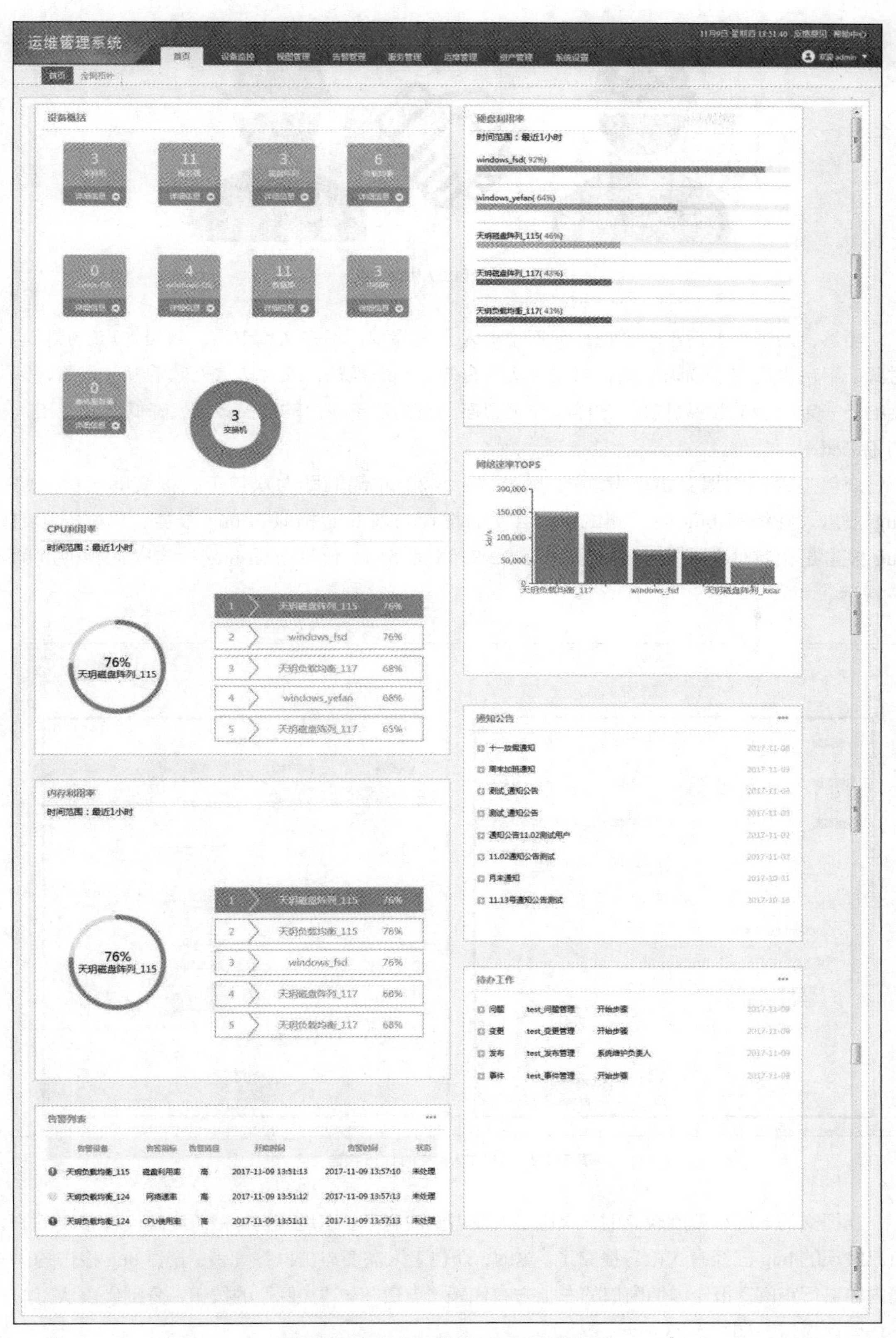

图 5-20 运维管理系统主界面（已脱密处理）

图 5-21　众包工人协作关系

当然，为了扩大自己的收益，免不了有人会钻漏洞，不去认真审阅，盲目地点赞点踩。对此，平台也设定了预防措施。如果对认定有效的 bug 点踩，或对认定无效的 bug 点赞，则会给予一定比例的收益惩罚。这样收益奖惩连动，提升了平台的管控效果，降低了众包工人的犯错概率。

众包工人正常提交自己发现的 bug，图 5-22 左侧框即为众包工人提交的一份完整 bug 报告。在编写 bug 时，测试平台会实时推荐与该 bug 相似的 bug 报告，这里推荐的 bug 报告是由其他工人提交的，如图 5-22 右侧框部分，该部分的 bug 报告根据相似度倒序展示。

图 5-22　众包工人提交的 bug 报告

当提交的 bug 相似度较高时，众包工人就需要注意了。这是因为，相似度高代表着很可能自己发现的 bug 已经有人抢先提交了。这时，众包工人需要点击推荐列表，查看 bug 报告的详情内容进行审阅。报告详情窗口的左上方有代表“点赞”与“点踩”的按钮，分别代表认可与不认可该报告，如图 5-23 所示。

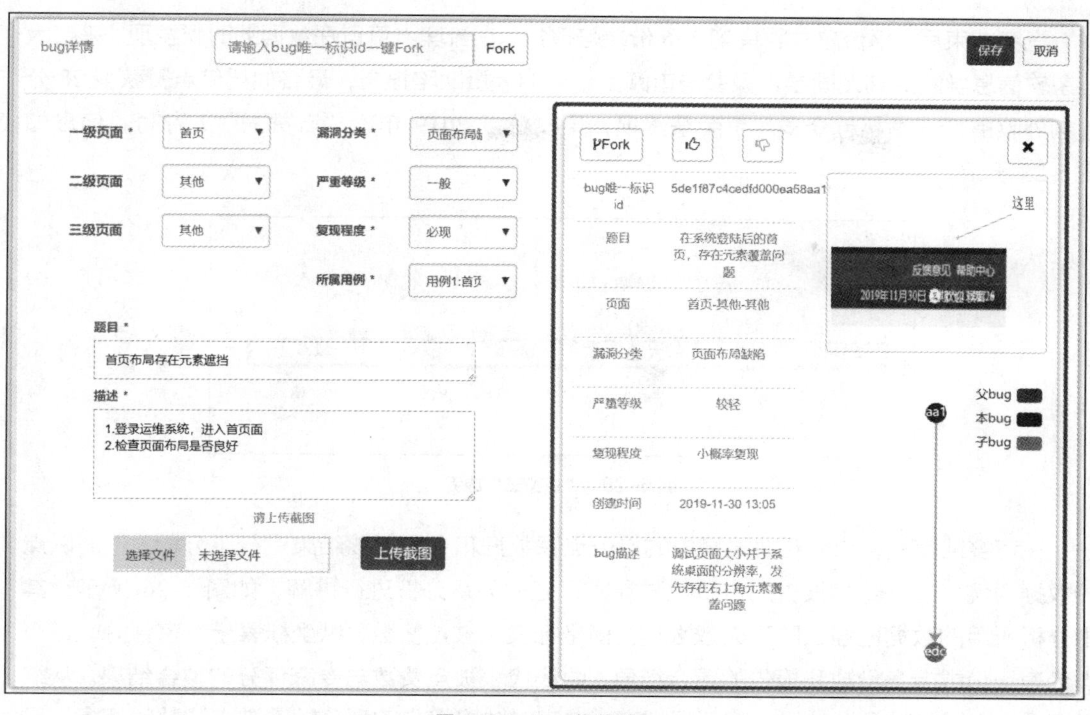

图 5-23　bug 推荐列表

众包工人完成审阅操作后，系统也会给出实时反馈，如图 5-24 所示。这样的反馈也能够激励众包工人参与更多的审阅工作。

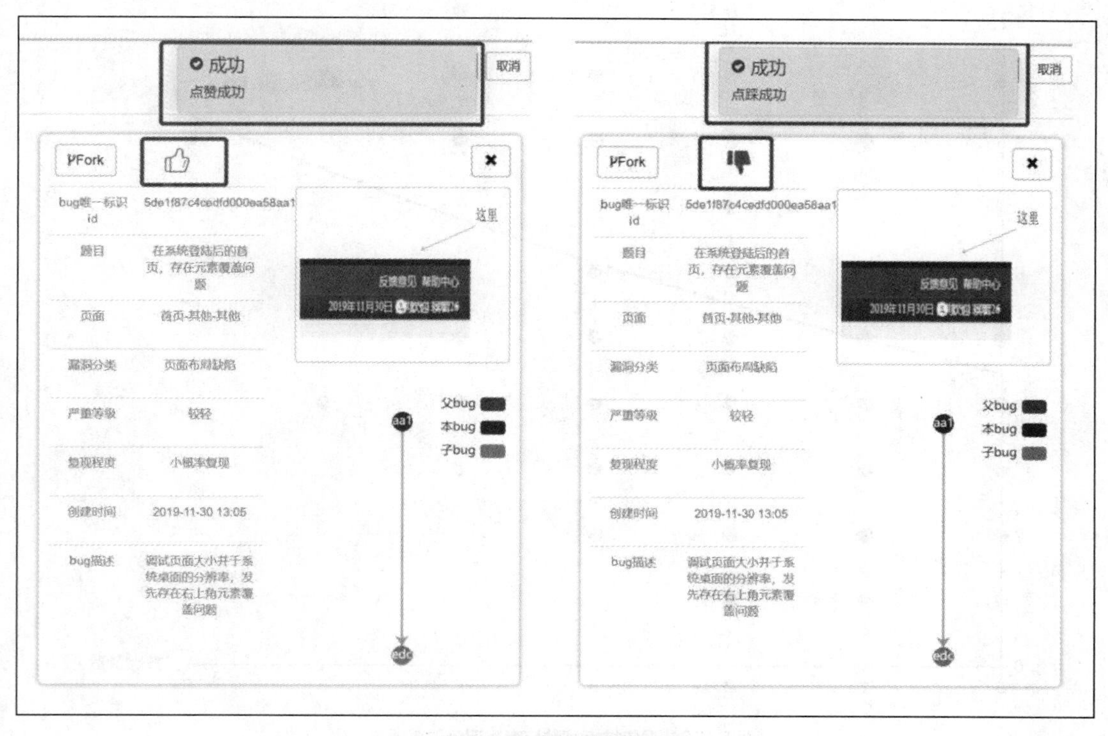

图 5-24　点赞点踩效果图

竞赛结束后，平台总共收集到 556 份缺陷报告，在梳理点赞点踩数据的时候发现，来自大连东软信息学院的韩龙同学积极参与审阅了他人的大量缺陷报告，最终他凭借点赞获得 28 分的额外收益，一举超越众多对手荣获奖项，更收获了 2019 年度“点赞王”的称号，信息如图 5-25 所示。

251493	韩龙	大连东软信息学院	16	28	52.4

图 5-25 “点赞王”选手

在竞赛结束后，我们对缺陷报告的点赞点踩数据和专家复核结果进行了分析。下面以点赞数据为例，选取缺陷报告的点赞数与专家评分的关系分析进行讲解，如图 5-26 所示，其中分析所用的数据已经去除了无效数据。横坐标表示被点赞数，纵坐标表示专家评分。每个点代表一份或者多份缺陷报告的重合结果，曲线代表被点赞数与专家评分的拟合结果。从结果来看，点赞数越多，其得分的下限越高。专家对缺陷报告的评分随着被点赞数的增多，呈现出上升趋势。

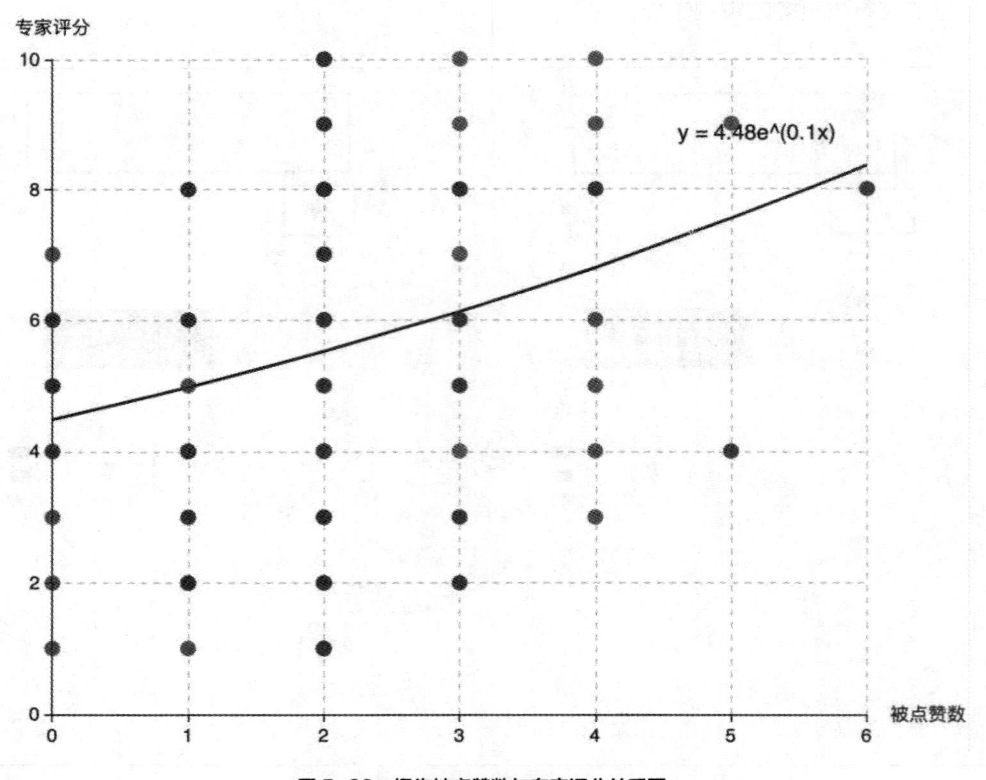

图 5-26 报告被点赞数与专家评分关系图

案例证明，众包工人之间采用这种相互评审的模式所产出的点赞、点踩数据，能够很好地辅助专家对缺陷报告进行审核。让众包工人对缺陷报告进行点赞与点踩的操作，本质上也是促使其将更多的精力投入到测试中去，这种沉浸式的协作模式，在合理规则的配合下，帮助优秀的众包工人可以获得更高的收益。同时，众包测试平台也可以节省一部分成本，根据缺陷报告的被点赞和点踩的数量判定报告所描述问题的有效性，一举两得！

案例 19 缺陷报告自动聚合

缺陷报告的处理工作，一直是让众包测试平台头疼的问题。

因为太多了！

众包测试凭借着“人多”的优势，一路过关斩将，在软件测试行业夯实了自己的地位。想不到，被半路杀出的“程咬金”拦住了路。缺陷报告数量越多，处理报告消耗的成本就越高，且错误率也会上升，进而影响到交付报告的质量。出现这样的情况，颇有点“成也人多，败也人多”的感觉。

我们在案例 17“Fork 一下，‘懒人’众测”中提到了一个“100 名众包工人提交了 100 份相同的 bug 报告”的例子，我们再通过图 5-27 来回顾一下。

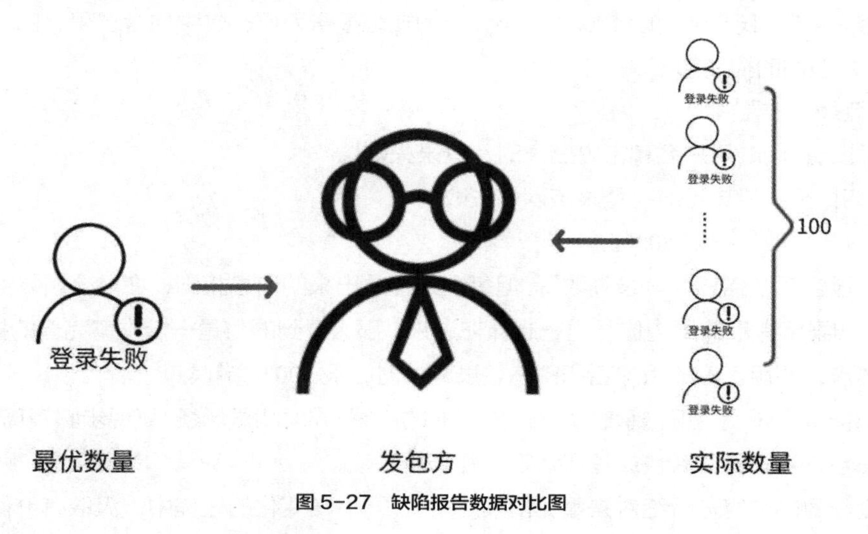

图 5-27 缺陷报告数据对比图

一份有效的缺陷报告可以暴露出软件存在的问题，再流转到软件作者手中修复即可；100 份相同的缺陷报告，并未暴露出更多的问题，反而会加重平台及软件作者的审核工作量，特别是众包工人在语言描述风格、用词等方面存在差异，这加剧了审核难度。

众包测试参与者越来越多，伴随而来的问题也渐渐浮出水面。臃肿的缺陷报告，已经成为阻碍众包测试发展的主要瓶颈。

尽管很多从业者已经意识到缺陷管理系统的重要性，国内外也出现了很多 bug 管理系统，比如 Atlassian 公司的 Jira，开源平台的 bugzilla 等。Jira 和 bugzilla 等通过自有功能或安装第三方插件，在用户创建 bug 报告时，基于关键字检索来扫描是否存在重复报告，并提示用户过滤筛选。但是，此类系统更倾向于传统软件测试行业，无法兼容众包测试独立性高、竞争性强的特性，也无法处理其所产生的大量缺陷报告。

Fork 是一种解决手段，可以在源头加强控制，避免重复报告的产生。但是，即便在有效措施的驱动下，流程的终端也不可能完全避免重复性缺陷报告的产生。尤其是在大量人员参与的情况下，累积的报告足以堆积成“庞然大物”。所以，在专家审核缺陷报告的阶段，同样需要强有力的支撑，解决重复报告的问题，提升审核效率。“预防”与“治疗”双管齐下，才能保证众包测试持续向好。

随着大数据与人工智能等新兴技术的出现，目前很多专家已经提出了检测重复或相似报告的方法，比如，基于纯粹自然语言技术处理、信息检索技术处理、机器学习技术处理等方法。这一类方法大多从报告中文本信息的处理入手，能够在一定程度上识别相似文本，不过不好处理图片类数据。众包测试所生成的缺陷报告中，通常既包含文本信息，又包含缺陷的截图。所以，集合文本与图片双重信息处理，将多份重复性的报告融合为一份，才能真正解决问题。

这里我们所提到的重复性，并非指 100%重复，而是指不同众包工人使用不同语言特征描述同一个缺陷。从历史数据来看，单份缺陷报告的描述难免偏颇，冗余的那部分缺陷也并不是毫无意义，对报告信息进行细分之后，是可以抽取出有价值的信息的。如果将其赋能于一处，就可“变废为宝”。我们仍然以 100 份登录失败的缺陷报告为例，其中包含了甲、乙、丙、丁 4 人的报告，他们的描述如下。

甲：“登录失败”。

乙：“使用正确的用户名和密码登录时，登录失败”。

丙：“切换至手机热点时，登录该网站失败”。

丁：“登录失败，报错 500”。

4 人的报告都在描述“登录失败”，但每个人释放出来的信息相同，在融合重复性缺陷报告的时候，如果将有用的周边信息也一起补充进来，那么得到的将是一份丰富完善的报告：切换至手机热点，使用正确的用户名和密码登录网站时，报 500 的错误。

这样一份融合过后的报告承载了 bug 出现时的前置条件、测试场景、复现步骤等周边信息，将有助于发包方和软件作者快速复现、定位并修复缺陷。

对高度一致的内容进行绝对去重，使其“多变一”。在变化的过程中，汲取有价值信息，提高缺陷报告的“健壮度”。如此双链路的方案，足以有效解决问题报告的重复性。

以自动化的形式实现这一设想是极为重要的，可以从聚类和融合两个阶段来实现。在聚类阶段，算法需要提取缺陷报告的特征，即文本信息和图片数据的信息，然后对提取到的数据进行凝聚式聚类。在融合阶段，需要计算每个类簇的权重，选取最高权重为该类簇的主报告，未选为主报告的，则拆分文本与图片，与主报告进行比对，筛选差异点，作为主报告的补充点。最后进行人工干预，对主报告和补充点进行确认，即可形成交付报告。

实践也证明了该方案的可行性与有效性。

2020 年 11 月，我们再次与微信合作，对某内测版本的微信 App 进行众包测试，主要覆盖“视频号”功能。在这场测试任务的报告整合阶段，采用了自动聚合系统。

这次众包测试任务共有 126 名众包工人参与，测试时间控制在 2 小时内，遵循探索性测试的标准，最后众包工人提交了 482 份缺陷报告。

为了更好地验证自动聚合系统的效果，在处理缺陷报告时，我们采用了 A/B 测试的方法进行对比实验，设置实验组与对照组，实验组使用自动聚合系统审核报告，对照组则采用传统人工模式进行审核。

传统人工审核模式的相关内容，这里不再赘述。我们主要来分析自动聚合系统是如何工作的。

任务结束后，众包工人的 482 份缺陷报告会流转入库，如图 5-28 所示。所有的报告在前端页面逐条分页展示，右侧框选处为触发自动融合的“开关”。实验组成员只需触发该按钮，内嵌余弦相似性等在高低维度表现稳定的算法程序能在后台开始聚类报告数据，文本及图片特征相似度高的将被聚为同一类簇，如图 5-29 所示。

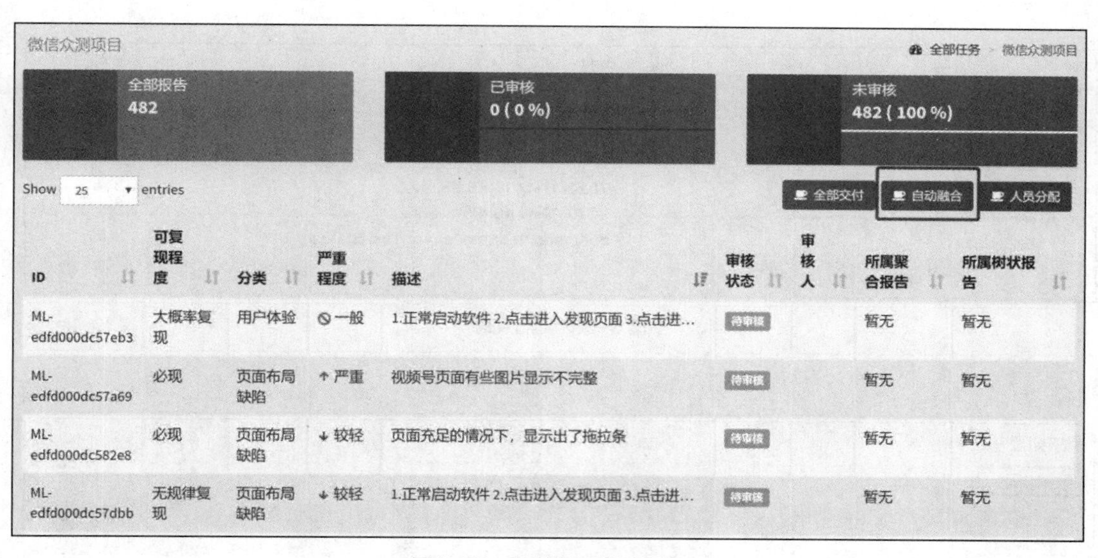

图 5-28　自动聚合系统主页面

这一过程对使用者来说是无感的，只需要等待系统运行结束即可。运行所需时长视报告总数量而定，以该任务为例，总耗时 1 分 40 秒，如图 5-30 所示。不要惊讶于它的速度之快，高效正是它诞生的驱动力。

运行结束后，系统自动生成聚合视图，以多个方格的形式展示，如图 5-31 所示。从图中可以看到，482 份缺陷报告已经被聚合为 49 个类簇，像左上角第一个类簇标识着“聚合报告数 9”，意为该类簇由 9 个重复缺陷报告聚合而成，其余类似。也许你还注意到，每个类簇还是“未审核”的状态，这是因为，系统自动识别过程结束了，最终的交付报告还需要实验组成员审核确认。

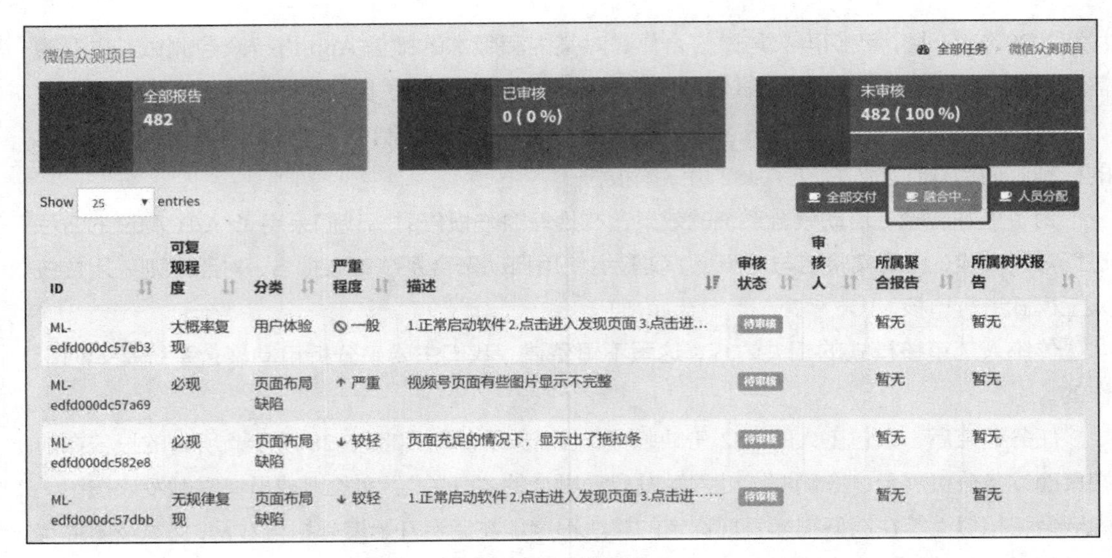

图 5-29 聚类过程

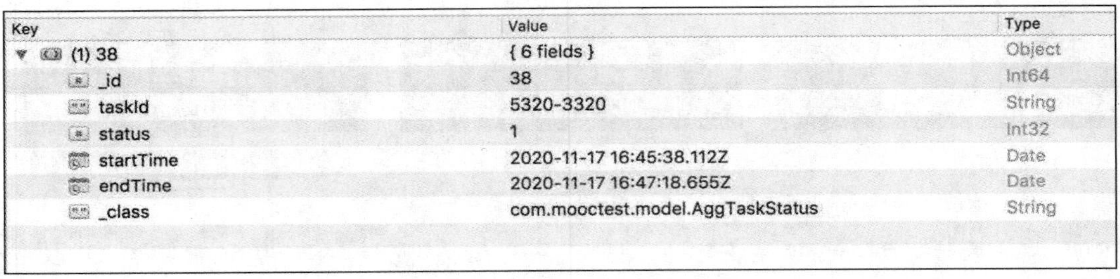

Key	Value	Type
▼ (1) 38	{ 6 fields }	Object
_id	38	Int64
taskId	5320-3320	String
status	1	Int32
startTime	2020-11-17 16:45:38.112Z	Date
endTime	2020-11-17 16:47:18.655Z	Date
_class	com.mooctest.model.AggTaskStatus	String

图 5-30 运行耗时

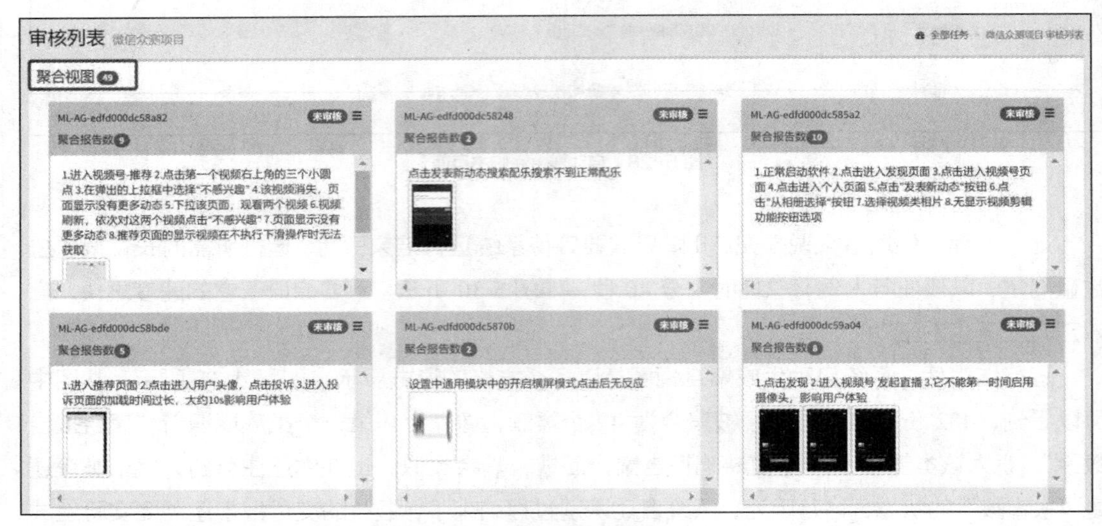

图 5-31 聚合视图

进入聚合报告详情页可以清楚地看到聚合关系，以及该类簇是由哪些缺陷报告聚合而成的，包括主要点（主报告）、补充点（摘要信息）及被聚类报告的基本属性，如图 5-32 所示。这里的补充点就是要参考的有价值信息。其他可视化属性则起辅助作用，下一阶段的实验组成员审核时可以参考每个属性的占存比例做判断。

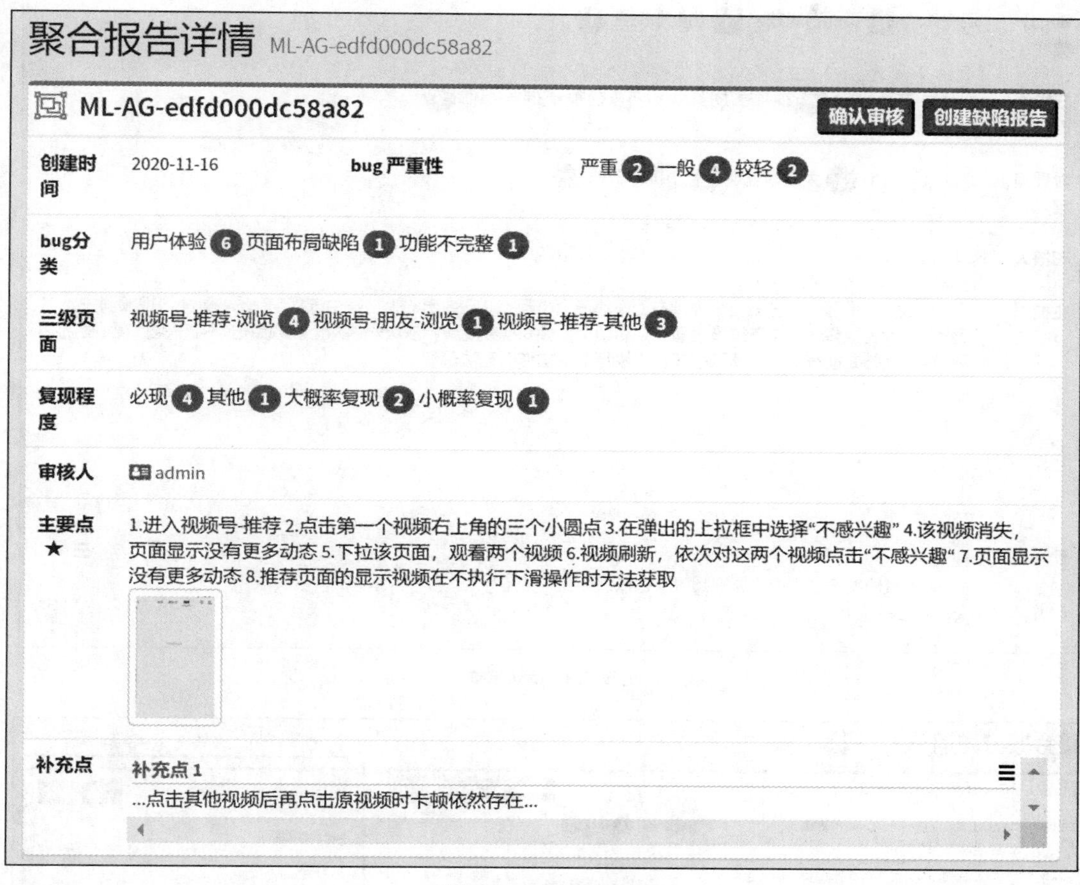

图 5-32 聚合报告详情

在实验组审核阶段，需要衡量类簇的有效性，如果仅认可该类簇的主要点，则"确认审核"，如图 5-33 所示，该类簇内主要点（主报告）将自动确认为最终的缺陷报告，并存入预交付数据库，原始报告状态同时变更为"已审核"。

如果认可主要点，同时也认可某些补充点，则"创建缺陷报告"，如图 5-34 所示，将主要点及认可的补充点整合为一份缺陷报告。如果某一类簇的内容需要拆分为两份或多份缺陷报告，该操作同样被支持，只需在保存第一份报告之后再次创建新报告。同时，为了进一步提高创建缺陷报告的效率，实验组在编辑报告时，不需要手动输入内容，而是采用文本拖拽的方式，选中主报告或需要的补充点文本内容，拖拽至右侧相应位置即可，图片数据同样采用该方式。如果完全不认可该类簇，则可将其置为无效。

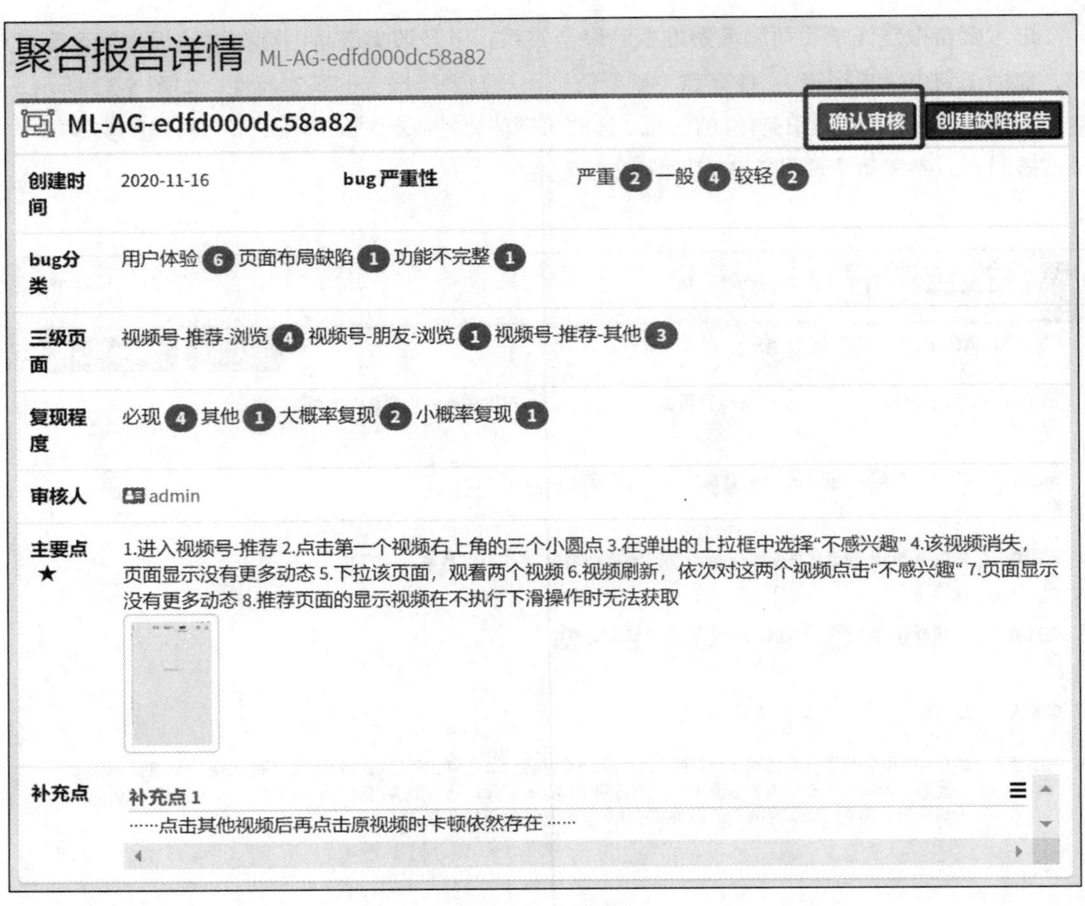

图 5-33 确认审核

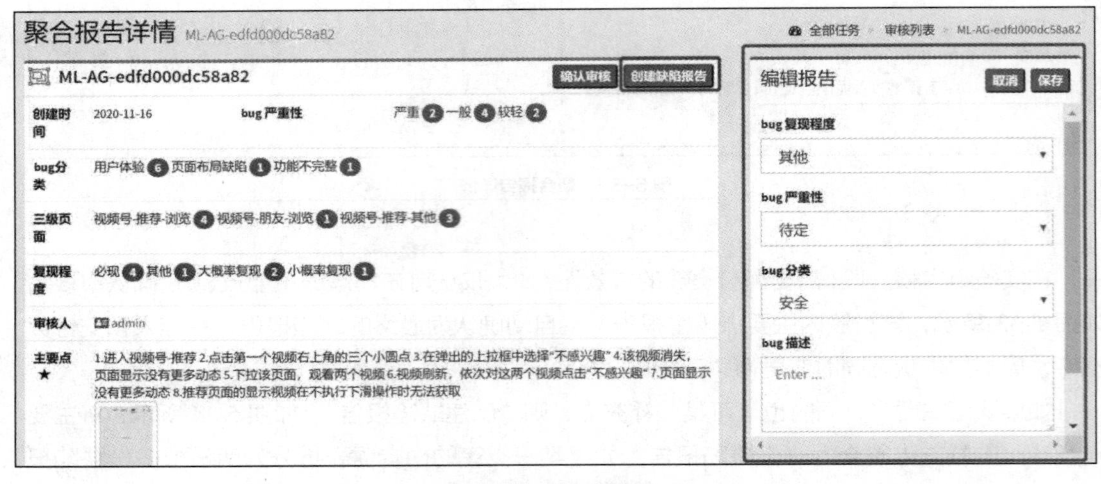

图 5-34 创建缺陷报告

实验组在处理完所有的类簇后，将审核后的缺陷报告提交到预交付报告库（预交付报告库是为了增强严谨性，对偶发的误判进行清洗或修正），如图 5-35 所示。已审核的缺陷报告以表格形式列出，覆盖可配置的字段属性。

预交付报告 微信众测项目

全部任务 > 微信众测项目 预交付报告

Show 25 entries

将数据导入区块链 导出报告(Excel) 导出报告(Html)

类别	严重程度	可复现程度	描述	来源	创建人	操作
功能不完整	↓ 较轻	必现	设置-通用-开启横屏功能，开启后功能不可用...	ML-AG-edfd000dc5870b	管理员	编辑 删除
用户体验	↓ 较轻	必现	视频号，发表新动态，添加配乐，不可以选择...	ML-AG-edfd000dc58248	管理员	编辑 删除
用户体验	↓ 较轻	必现	误点击收藏按钮，然后取消收藏后，“我们还在...	ML-AG-edfd000dc5ab26	管理员	编辑 删除
用户体验	↓ 较轻	必现	视频号，视频的点赞图标不一致，有心形和火...	ML-AG-edfd000dc57df5	管理员	编辑 删除
功能不完整	⊘ 一般	必现	1.第一次没有简介时点击简介，可以对简介...	ML-AG-edfd000dc584d2	管理员	编辑 删除
功能不完整	⊘ 一般	必现	1.进入视频号页面，点击搜索“视听文案馆” 2....	ML-AG-edfd000dc58a9e	管理员	编辑 删除
功能不完整	⊘ 一般	必现	1. 进入“小程序”页面 2. 点击“快递服务”按钮，...	ML-AG-edfd000dc58d21	管理员	编辑 删除
功能不完整	⊘ 一般	必现	连续按两下视频右上角的省略号会弹出两个弹窗	ML-AG-edfd000dc5990c	管理员	编辑 删除
功能不完整	⊘ 一般	必现	1. 进入视频号页面 2. 点击任意视频进行浏览 3. ...	ML-AG-edfd000dc588bd	管理员	编辑 删除
功能不完整	⊘ 一般	必现	1.设置-通用-语言；2.设置为english并保存；3....	ML-AG-edfd000dc58345	管理员	编辑 删除

图 5-35　预交付报告

实验组全部确认无误后，将预交付报告库里的缺陷报告进行导出交付。

导出的报告格式有两种类型：Excel 和 Html，如图 5-36 所示。Excel 格式的交付报告规范工整，Html 格式的交付报告丰富生动，两种不同的格式增强了交付报告的可读性，充分满足不同阅读习惯的人群。

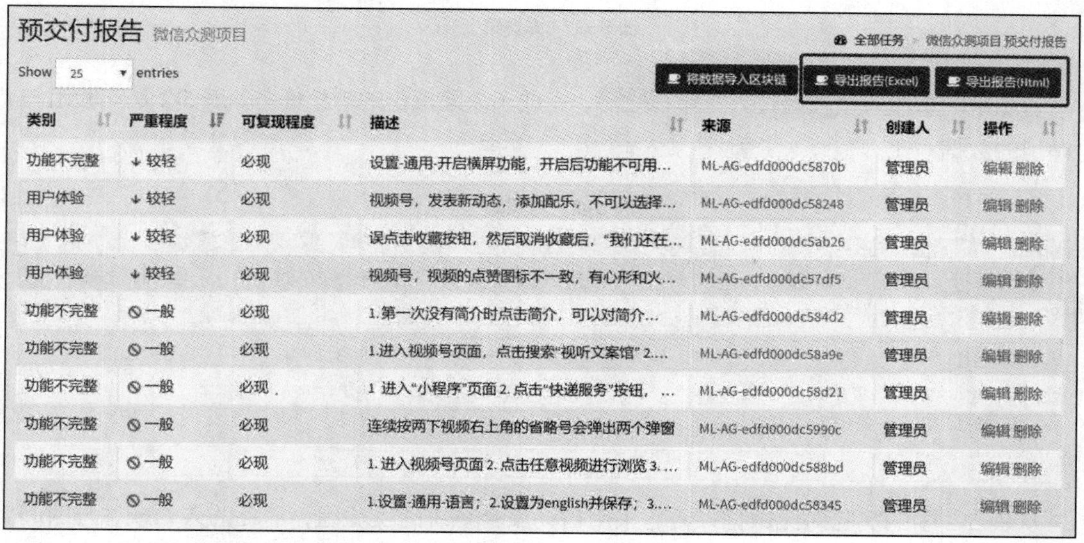

预交付报告 微信众测项目

全部任务 > 微信众测项目 预交付报告

Show 25 entries

将数据导入区块链 导出报告(Excel) 导出报告(Html)

类别	严重程度	可复现程度	描述	来源	创建人	操作
功能不完整	↓ 较轻	必现	设置-通用-开启横屏功能，开启后功能不可用...	ML-AG-edfd000dc5870b	管理员	编辑 删除
用户体验	↓ 较轻	必现	视频号，发表新动态，添加配乐，不可以选择...	ML-AG-edfd000dc58248	管理员	编辑 删除
用户体验	↓ 较轻	必现	误点击收藏按钮，然后取消收藏后，“我们还在...	ML-AG-edfd000dc5ab26	管理员	编辑 删除
用户体验	↓ 较轻	必现	视频号，视频的点赞图标不一致，有心形和火...	ML-AG-edfd000dc57df5	管理员	编辑 删除
功能不完整	⊘ 一般	必现	1.第一次没有简介时点击简介，可以对简介...	ML-AG-edfd000dc584d2	管理员	编辑 删除
功能不完整	⊘ 一般	必现	1.进入视频号页面，点击搜索“视听文案馆” 2....	ML-AG-edfd000dc58a9e	管理员	编辑 删除
功能不完整	⊘ 一般	必现	1 进入“小程序”页面 2. 点击“快递服务”按钮，...	ML-AG-edfd000dc58d21	管理员	编辑 删除
功能不完整	⊘ 一般	必现	连续按两下视频右上角的省略号会弹出两个弹窗	ML-AG-edfd000dc5990c	管理员	编辑 删除
功能不完整	⊘ 一般	必现	1. 进入视频号页面 2. 点击任意视频进行浏览 3. ...	ML-AG-edfd000dc588bd	管理员	编辑 删除
功能不完整	⊘ 一般	必现	1.设置-通用-语言；2.设置为english并保存；3....	ML-AG-edfd000dc58345	管理员	编辑 删除

图 5-36　导出报告

报告导出交付后，此次微信众包测试项目就告一段落。我们先来看自动聚合系统的功能总览图，如图 5-37 所示。系统贯穿缺陷报告的整个生命流程，从原始缺陷报告的产生与存储，到自动聚合的触发，再到缺陷报告的预处理，最后输出交付报告。全流程系统的渗透，保证了每个环节都能成为一个重要的突破点。

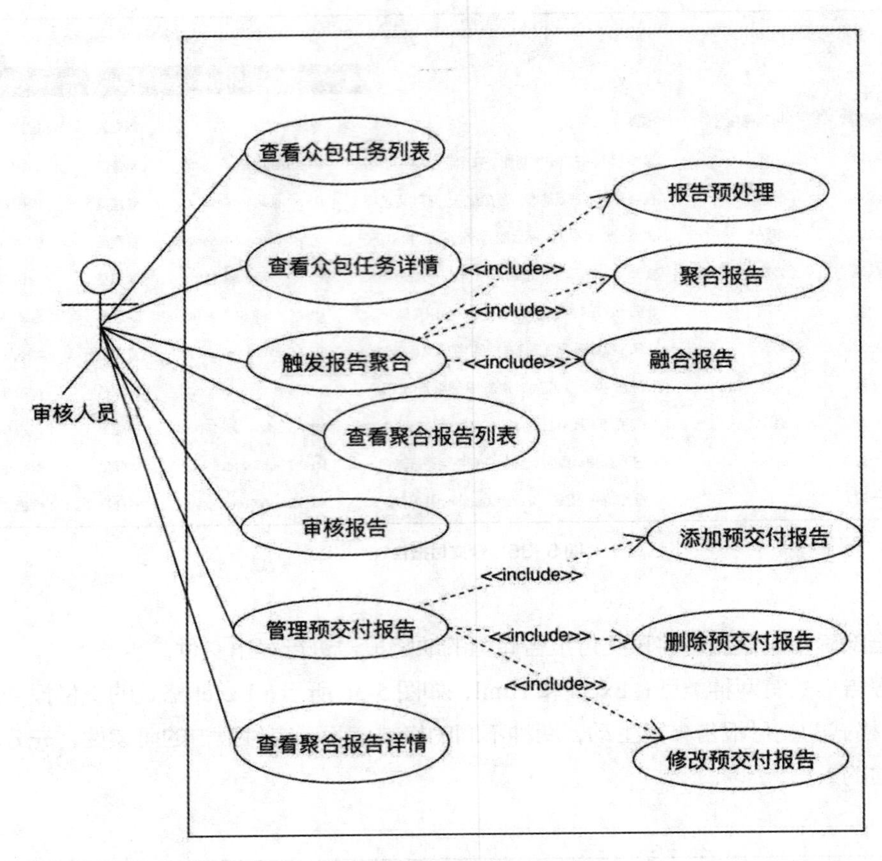

图 5-37 总览图

对照组的审核人员在经过人工审核之后，完成了缺陷报告的审核任务，表 5-2 是实验组与对照组的数据对比。

表 5-2 对照表

类别 / 组别	处理总量/份	审核人员/人	审核时长/小时	交付报告/份
实验组	482	2	3	80
对照组	482	5	8	175

从表 5-2 中的实验对比数据来看，采用自动聚合系统的实验组，消耗的人力成本与时间成本明显低于采用传统纯手动审核的对照组，节省了约 60%的人力成本和约 62%的时间成本。

从后期对照组的交付报告来看，仍然存在一部分重复性缺陷报告，成本占优却没有得到更好的效果，可以说是费时费力，这也体现出自动聚合系统的聚合精度与高效性。

当然，目前的技术还无法保证 100%的精准聚合，这需要很长的时间去探索，但上述案例所反映的结果，已经证明众包测试报告整合阶段采用自动聚合的思路与方向是正确的。在众包测试逐步崛起的时刻，更应该力求创新与扩展，建立以“自动聚合”为中心的智能化众包测试平台，既不脱离“分而治之”的核心思想，又能依托科技手段重塑众包测试的工作模式，降低交付成本，推动更加高效的报告收敛标准的形成。

案例 20 智能化标签体系的搭建

2017 年的一个众包测试项目，损失惨重。

该项目的合作方是某知名企业，测试平台与其签订合同并约定平台必须准时交付项目，否则将给予对方经济赔偿。

众包测试平台以往也经常与企业合作，业务模式早已定式化，大家以为按部就班就可以了，没成想本次众包测试项目遭遇失败。而导致众包测试项目失败的最主要原因出在众包工人身上。

项目招募期较短，仅 33 人报名，虽然人数相对较少，但考虑到被测的系统是一个办公室自动化系统，业务逻辑也并不复杂，想当然认为 33 人应该可以搞定，也正是这个疏忽，导致了项目最终的失败。

理想状态下，33 名众包工人确实可以覆盖到系统的所有功能，完成测试任务。但没想到的是，当任务结束、平台人员开始梳理工作时，发现这 33 名众包工人中只有 3 人提交了缺陷报告，而报告数量也少得可怜，只有 24 份。这不需要去梳理就可以得出结论：测试不饱和。

没有预料到这种情况的发生，也没有做备选方案，合同期内已来不及采取其他措施，只能延期处理，并向企业方进行经济赔偿。

此例过后，测试平台开始深刻反思，并研究对策以避免此类事件的再次发生。

经过对国内外众包测试平台一番调研，我们发现几乎所有的平台都遇到过这样的问题：“提前交卷”“半场交卷”“交白卷”等，甚至“不进考场”的现象也很普遍。

有的众包测试平台通过增加众包工人来避免“白卷”的产生，报名人数达不到要求则不开始任务。增加众包工人的数量，确实可以提高覆盖率，提升项目的成功率，但是，这是退而求其次的办法。通过加大分母，以期分子变大，期望性的事件不能保证 100%可控，而且成本也会呈正比例增长。

要想真正解决类似问题，还是要从众包工人的个体工作想办法。

参与众包测试任务的众包工人具有很强的流动性，与众包测试平台之间并没有强契约关系，有的众包工人“想来就来，想走就走”，也有人积极报了名，任务开始后却“忘了工作”。这类众包工人对众包测试平台来说，基本属于无效资源。

如果参与众包测试任务的众包工人都是“报名就来，来了就会，会了就做”，那该多好啊！

如何知道哪些人是真心参与，哪些人是敷衍了事，又如何知道哪些人擅长 Web 技术，哪些人擅长移动开发呢？

贴标签！

“标签”一词，原指为区分而贴附在物品表面的识别物，通常有不干胶标签、二维码标签等，后被互联网企业引申为用户身份的标签，代表一个人的典型特征。

互联网企业为用户贴标签，实际上是将自己的用户群分类，然后实施精准运营，支撑业务实现。如图 5-38 所示，机票网站可以根据用户的购票行为，将其分为喜欢飞某地的用户、喜欢头等舱的用户等，这样可以有针对性地实施运营服务工作，为用户提供更贴合其要求的服务。

图 5-38　标签词云

众包测试平台也是一样，在平时的工作中必然会产生众包工人的行为数据，这些数据详细记录了众包工人的行为特征，比如参加了几次众包测试任务，参加的是什么类型的任务，拿到了什么样的成绩，有多少次报名后未参加实际测试工作等。这些数据如果只存储在数据库中，毫无价值可言；如果加以利用，提炼出每位众包工人的特征标签，那么上述几个问题答案就有了价值。

与众包工人有关的数据包括静态数据和动态数据。

静态数据是指众包工人自己提供的数据，包括姓名、性别、年龄、地区、职业、设备信息等；动态数据则指众包工人的行为所产生的一系列相关数据，具体来讲，就是众包工人从打开众包测试平台网站到关闭平台网站期间所有的操作。

有了数据，下一步就是贴标签。

众包工人标签的选定，一定是贴合众包测试业务场景的。贴标签同样有两种方式，我们上面重点描述的通过分析后台数据为众包工人贴标签的行为属于无感标签。后台根据众包工人的行为数据，自动判断制定标签。由于这种方式没有人为的干预，所以能够获取最真实的众包工人行为数据，标签也更精准。另一种方式是让众包工人自己选择标签。平台根据众包测试业务需求，凝练出一批标签词，比如，Web 众包测试、移动众包测试、初级菜鸟、捉虫大师等。众包工人自己选择适合的标签，后台只需要根据其选择匹配标签。

这两种方式各有优缺点。对众包测试平台来说，第一种方式可以获得一手数据，但是需要对数据进行分析，花费的成本相对要多。第二种方式的平台成本要相对低一些，但是数据真实性存在一定的误差。

所以，我们最终结合两种方式来为众包工人贴标签。

图 5-39 所示是后台人员管理处的标签示例（图片脱密处理）。从图中可以看到，8 位众包工人均带有标签属性，平台对每个标签都赋予了具体的含义，比如 Web 众测和移动众测是指擅长这两个方向；捉虫大师则代表该众包工人是全能型人才；而最后三位的标签是多次缺席，表示他们多次报名但未参加任务。

标签
Web众测
移动众测
Web众测
移动众测
捉虫大师
多次缺席
多次缺席
多次缺席

图 5-39 后台标签数据

标签系统上线前，众包工人报名后就能获得参加众包测试任务的资格；标签系统上线后，报名后的众包工人还需要经过二次筛选，那些存在不良标签的众包工人会被取消参与资格，甚至一些测试技能差的工人，也将无缘众包测试任务。

后期的实践证明，使用了标签系统的众包测试平台，每次任务报名阶段都与标签库进行精准比对，择优选择众包工人，任务再也没“翻车”。

本案例选择了“趣享”App 众包测试任务，剖析标签系统对众包测试任务的推动作用。

“趣享”App 众包测试是平台自发组织的一场任务，目的就是检验在众包工人人数不占优势的前提下，标签系统能否发挥作用，帮助达到合格的测试充分度，输出全部预埋的缺陷报告。

报名阶段，为了贴合实际任务场景，在人数达到 85 人时，平台关闭了报名通道。这 85

人中，除了第一次参加任务的众包工人外，其他人都对应拥有各自的标签。为了最大化检验标签系统的作用，标签审核级别调到了最高，尽量只留下优质标签的众包工人：历史记录中只要有 1 场报名未参加的即取消其资格，历史成绩排在倒数 10 名内的取消其资格，首次参加的取消其资格。最终，通过的只有 36 人。

虽然事前对标签系统的效果有一定的预期，但没想到的是，审核通过的 36 位众包工人全部参加了“趣享”App 的众包测试任务。如果来分析这个现象，制定的高级别标签审核是最关键的因素。只要有 1 场“失信”行为就不得参加任务，这保证了余下的人在历史中全部是高可信用户，且这种行为保持下去的概率也很大。基于前一条原因，再将首次参加的众包工人剔除，实际上是剔除未知的风险因子，让任务更加稳妥。不用成绩差的众包工人，是为了保证缺陷报告的高质量，避免假阳性与假阴性缺陷的出现。

图 5-40 所示是这 36 位众包工人的成绩统计图，分数的计算是以缺陷报告之和为依据，设定计算公式，以满分 100 分的标准换算。从图中可以看到，成绩大多分布在 50～100 分的区间，合格率达到 78%。高比例的合格率，说明该组众包工人发现了较多的有效 bug。总而言之，标签系统的效果是肉眼可见的。

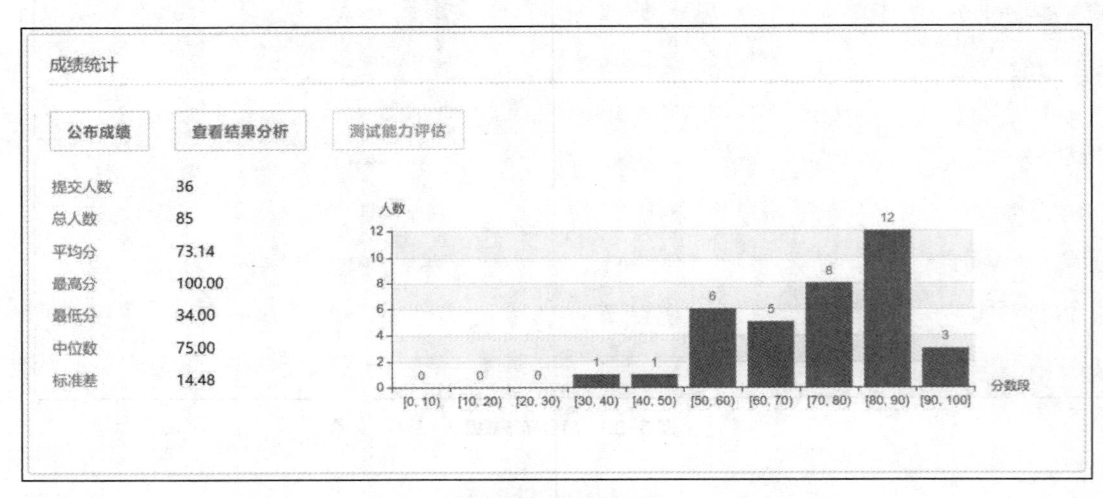

图 5-40　成绩统计图

当然，贴标签的过程既不是一蹴而就的，也不是一劳永逸的，还需要不断地进行数据清洗及优化，智能化标签体系持续“吸收”新输入的数据，及时更新原有的标签数据。众包工人的标签会随着参与的众包测试任务而不断变化，其个人价值也会随之改变，对众包测试任务的贡献能力也需要重新界定，并得到最优的人员筛选方案。这是一个持久化过程，同时也需要人力介入，以控制智能化标签体系的偏差率。

此外，众包测试平台还为每一位参加众测项目的众包工人建立能力雷达图，这也是众包测试平台在搭建标签体系方面的尝试，如图 5-41 所示，就是“趣享”App 众测项目中某位众包工人的能力雷达图，我们可以看到，他在描述 bug 能力方面得分较高、且经验丰富，但在发现 bug 能力、bug 有效率等方面还有待提高。

传统众包测试缺乏众包工人的管控机制，只能寄希望于工人们主动守约，会给项目带来风险与损失。不合格的众包工人，虽然在分母上确实增加了数量，但是这些个体带来的负面作用远大于正面作用。不守信导致众包测试平台无法及时调整方案；能力差导致无效报告增多，评审成本增加。这些都是传统众包测试中，一直存在的问题。

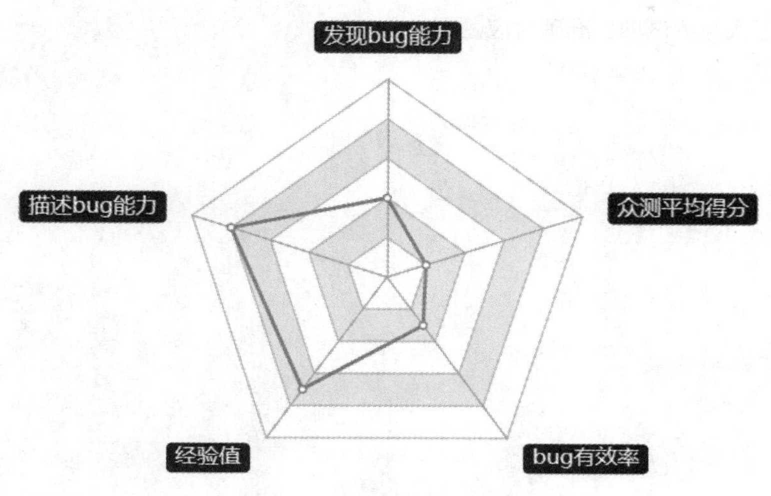

图 5-41　众包工人能力雷达图

新的发展阶段，加强对众包工人的制约，建立智能化标签体系，精细化到个体，以“淘汰制”方式，不与劣质标签的众包工人合作，只保留优质标签的众包工人。这样，即使工人数量少一些，但是质量与效率却会提高一大截，可谓事半功倍。

本章小结

如果说众包测试是大众智慧的简单相加，那么群体智能协作测试就是大众智慧的融会贯通。

众包测试模型存在的弊端，在群体智能协作测试模型中以多种方式进行规避、改进。传统模式中，众包工人对被测软件不熟悉，不了解软件的整体布局，测试时容易“盲人摸象”，群体智能协作测试模型中，搭载了实时任务推荐系统，辅助众包工人“按图索骥”，扩大软件功能的覆盖率。

相比较于传统众包测试，群体智能协作测试更注重“协作”。大量重复缺陷报告一直是传统众包测试存在的另一问题，在后期处理这些缺陷报告时，花费了较多的人力、物力。群体智能协作测试模型同样做了改良，在测试过程中引导众包工人相互协作，将重复报告凝练到一起，剔除无效报告，减少后期审核工作量。

再加上点赞点踩机制的配合，一部分本该属于后期审核的工作转由众包工人在测试过程中完成，即便不能得到最终的审核结论，也能给众包测试平台审核专家一定的参考。

完整的流程中，缺陷报告的审核是最后一个环节，这一环节大多由评审专家手动完成。群体智能协作测试模型引入了自动聚合技术，通过文本相似度、图片相似度、语义相似度等分析，将多份相同的缺陷报告融合为一份报告，极大降低了审核的工作量与工作难度。

众包工人是群体智能协作测试模型下的主体，面对不同的测试项目，选择合适的众包工人将会事半功倍。群体智能协作测试模型研究出智能化标签体系，根据众包工人擅长的技能进行筛选，使众包工人与测试项目准确对应。

06 总结与展望

从软件测试的诞生，到众包测试的发展，再到群体智能协作测试的兴起，围绕“软件质量”为核心的软件测试进程，将效益、协作等元素融合进质量管理中去，力求得到最佳的测试模型与方法。

每一个案例都充盈着过程，又反向刺激过程，驱动过程上升。过程中的能量转化，将促使测试模型的有效信息汲取。案例是经验的积淀，无论是暴露出的不足，抑或是突显的优势。

本书中的案例，从不同的角度去阐述过程，通过一次次的实践，见证了软件质量一步步的提升。涉及的模式，包括开源软件众测、企业解决方案、众包测试比赛等，虽然是不同的方向，但实现了同样的目的。质量意识永远是软件从业者关注的核心内容，不区分行业，不关乎类别，只要软件存在，就应该质量达标。

软件质量是产品竞争中的关键，坚守质量标准，是赢得市场的重要因素。在质量上妥协，无疑为产品发展埋下隐患，影响企业声誉，造成用户流失与经济损失。软件质量来之不易，软件测试是保障软件质量的关键途径，没有捷径可走，有人认为测试会影响项目进度，但实际上质量与速度不存在冲突，甚至当质量得到保证时，后期减少线上问题的困扰，项目发展会更加迅速。

群体智能协作测试，拆解为“群体”“智能”“协作”与“测试”。“群体”意指众包测试，“智能”与“协作”代表新的模型方法，“测试”则代表了最初的软件测试。四者互相内嵌，发挥众包测试的长处，消除众包测试的弊端，这是众包测试发展的必经之路。

目前，群体智能协作测试模型已经逐渐形成稳定发展的状态，软件产业的变革正带来软件测试方式根本性的变化。随着市场环境的变化，企业在人力成本方面的精打细算，该模型俨然已经成为企业青睐的重要选择。多样化的需求信息也为众包工人提供了主动选择权，以技能促变现，并保持着一定的参与热情，前景良好。

当然，目前的群体智能协作测试模型也存在一些缺点，主要集中在精准度方面，包括对缺陷的精准对焦、信息推荐的准确度、报告的融合收敛精度等。自动化技术的运用能带来较大的改善，这也是区别于传统软件众包测试的重点，而自动化产出的事物精准度目前是存在缺陷的，要想有大幅度的提升，需要有更多的投入。这可能会成为阻碍群体智能协作测试发展的主要瓶颈。另外，对众包工人、资源的利用率、协作率也还有一定的提升空间。

尽管存在一些问题，但面向未来，作为信息化时代产物的群体智能协作测试一定会迎来“爆发期”，包括相关的平台和用户，都会进入一个快速成长阶段。研究学者应仍以“夯实众包测试”为发展基础，从实际的任务案例中，采集数据分析，总结规律，提取成熟的创新点转化到智能协作模型上来，以协作创新、大众创新、开放创新为目标导向，在软件众包测试领域发挥应有的作用与价值。

软件定义世界，质量保障未来。

附录　慕测平台——群体智能协作测试平台

慕测平台（Mooctest）致力于推广信息化的软件测试教学，为计算机相关专业的老师和学生提供在线软件测试学习、练习和考试等服务。专注于软件测试细分领域，涉及众包测试服务、AI 测试服务等，运营多年以来，积累了大量的群体智能测试实训经验和校企用户，并一直致力于帮助高校师生参与到实践测试项目中，提高相关用户的测试水平。

1. 慕测群体智能测试平台简介

随着移动互联网日益影响人们的日常生活，软件缺陷的严重程度也伴随着系统的规模以及受众的量级增长而产生更大的影响。软件测试，作为最有效的软件质量保障的手段，开始承担越来越重要的责任。本系统使用的群体智能测试平台利用了众包和云平台的优势，将软件测试过程通过互联网交付出去，依靠众包工人的创意和能力来提高软件产品的质量。由此可见，培养众包工人，提高测试能力，是互联网相关课程中一项重要的职责。

本系统作为软件众包测试的实训教学平台，模拟真实的群体智能测试环境来培养学生的测试能力，主要面向教师和学生两类用户群体，如附图 1 所示。教师可以根据被测系统创建考试，测评学生的测试能力。此外，还可通过众包审核让班级学生之间对完成的测试报告互相打分，减少教师工作量，提高学生测试报告质量。学生通过平台提供的在线环境编辑众包测试报告，完成教师所布置的练习题。

附图 1 慕测群体智能测试平台界面图（局部）

除了应用于教学场景，本系统还可以提供真实的企业测试任务给学生进行实训，完成企业的特定测试任务，使学校和学生具备进行校企合作的能力。

慕测群体智能测试平台通过对测试技术进行逐步地分解，让学生在实践的过程中逐步具备相关的众包测试技能，成为企业需要的测试人才。

2. 平台功能

如附表 1 所示，本系统包括教师端管理、学生端使用、代码分析与评分服务 3 大功能模块。各模块的主要功能介绍如下。

附表 1 系统功能列表

教师端管理	学生端使用	代码分析与评分服务
众包测试报告评分 创建考试 考试管理 ……	编辑众包测试报告 查看众包测试 bug 列表 查看众包测试积分排行 查看众包测试任务推荐 执行众审任务 ……	bug 报告相似度分析 推荐测试路径 ……

（1）教师端管理功能

众包测试报告评分：教师可以参考众审过程中查看学生对众包测试报告的互评情况，对学生提交的树状报告和单一状报告进行评分。

创建考试：教师可以创建众包测试考试和对众包测试报告交叉打分的众审考试。在创建考试时可以复用之前创建的测试目标、试卷等。

考试管理：教师可以为指定班级创建考试，班级内的学生可以进行考试。教师可以在后台查看学生答题情况及相关统计信息。

（2）学生端使用

编辑众包测试报告：学生可以进入考试/练习版块，查看需求文档及相关附件后，开始编辑报告。报告包括基本信息、测试用例、bug 报告、附件等；在创建 bug 报告时可以根据输入信息产生推荐 bug 列表及相似度，可以点击查看相似的 bug 报告详情，进行点赞、点踩或 Fork（根据之前报告补充产生新报告）操作。在学生提交 bug 报告时，会检查新创建的报告与其他报告的相似度，当相似度过高时会出现警示，提示用户不要创建新报告或 Fork 相似报告。若成功提交，会自动出现任务推荐界面。

查看众包测试 bug 列表：学生可以在考试时查看本场考试发现的所有 bug 列表，包括树状 bug 列表（有 Fork 操作）和单一 bug 列表，并对 bug 进行点赞和点踩操作。

查看众包测试积分排行：学生可以在编辑报告时查看积分排行，获得参赛者的排名信息。

查看众包测试任务推荐：学生可以在编辑报告时查看任务推荐，获得当前各页面发现的 bug 情况及推荐的页面。学生可以直接去推荐的三级页面下创建 bug 报告或选择不感兴趣忽略。

执行众审任务：学生可以进入考试/练习版块，执行众审任务。对分配到的他人提交的众包测试报告进行交叉评分，并在右侧查看自己的执行进度，减轻教师评分任务。

（3）代码分析与评分服务

bug 报告相似度分析：实时分析学生提交众包测试 bug 报告与本场考试中其他已提交的 bug

报告的文本相似度，给出相似 bug 报告推荐及相似度百分比，引导学生进行点赞点踩及 Fork 操作，避免创建重复报告。

推荐测试路径：分析学生提交 bug 报告所属路径和当前各路径下发现的 bug 报告数，给出推荐下一步测试的路径。

本系统的工作流程如附图 2 所示。

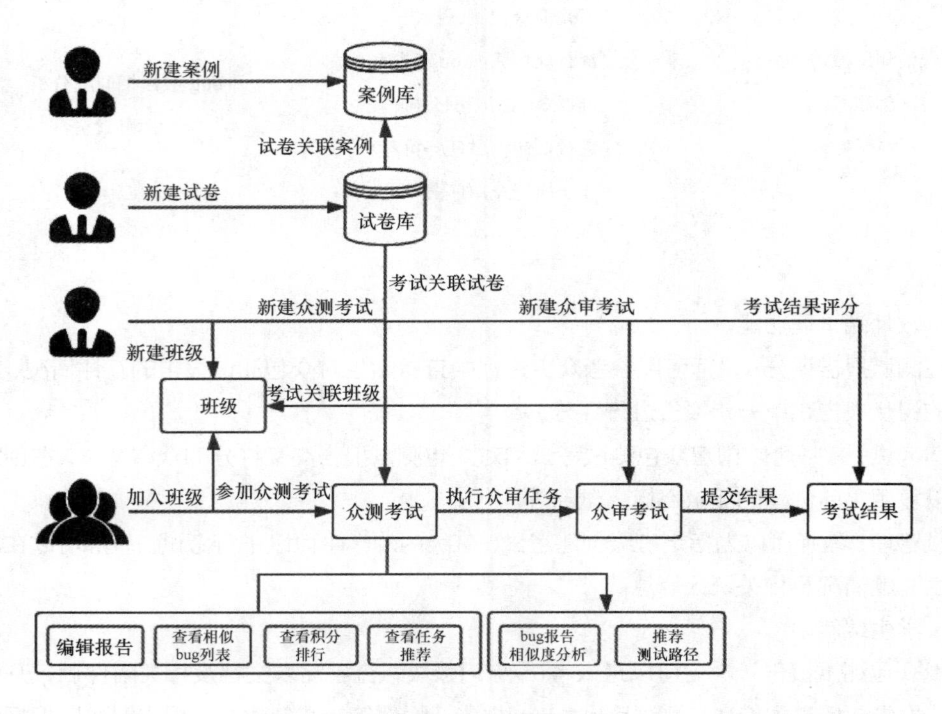

附图 2　工作流程图

（1）教师进行考试管理：教师登录教务前端，从案例库选择考题，创建相应的考试和班级，通知学生加入班级参加众包测试考试。同时，教师可以根据众包测试考试内容创建众审任务。

（2）学生参与众包测试考试：学生登录，加入班级后在规定的时间里参加练习或者考试。学生提交测试报告会自动触发 bug 报告相似度分析和测试路径推荐服务。

（3）学生参与众审任务：学生参与众审任务，对分配的他人提交的众包测试报告进行交叉评分。

（4）教师评分：教师参考交叉互评结果，对提交的树状 bug 报告和单一报告进行评分。

3. 平台架构

本平台架构图如附图 3 所示，其主要框架由 3 个子系统构成，分别是前端交互系统、后端处理系统、第三方外部服务。前端交互系统包含了慕测教务前端和学生前端两部分，后端处理系统接收数据后，调用相应业务接口进行处理，前端获取到返回结果后直接显示。第三方外部服务只负责任务分配和报告相似度检测。

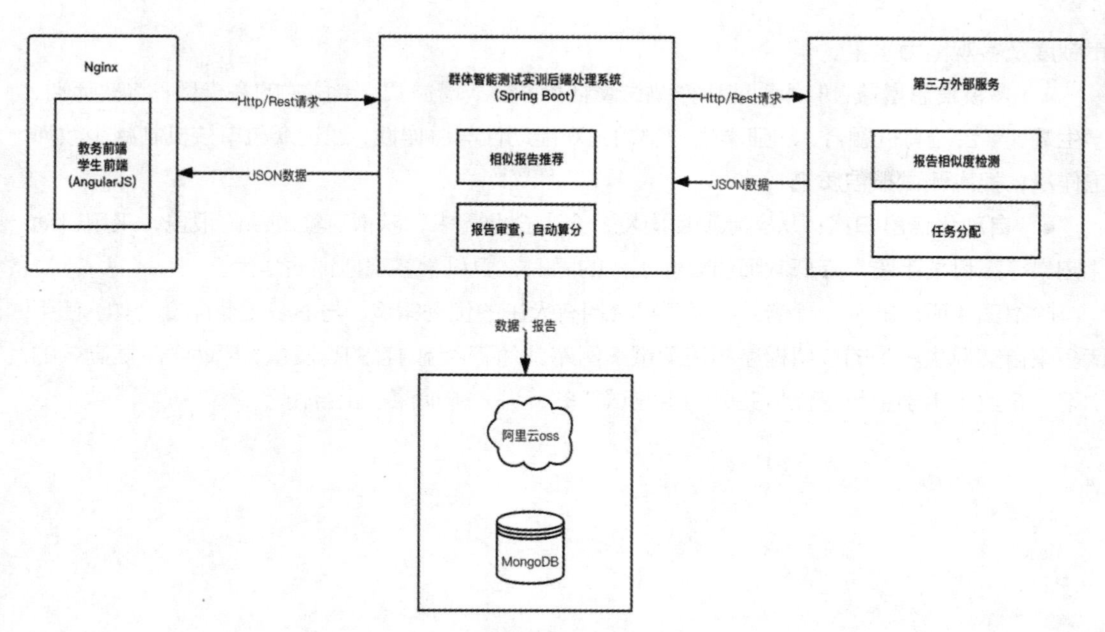

附图 3 平台架构图

4. 平台优势

慕测群体智能测试平台的优势如附图 4 所示。

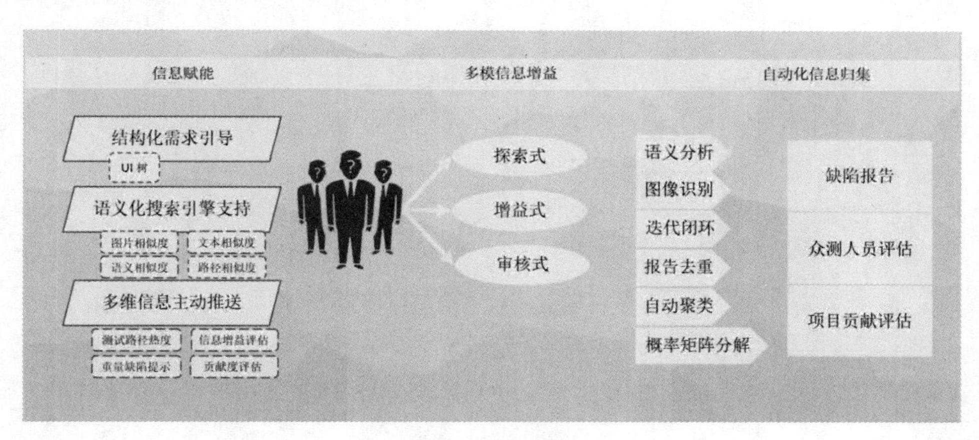

附图 4 平台优势图

- **结构化需求引导**：通过构建 UI 树，将测试需求结构化，建立起一张基于被测对象的脉络网，引导众包工人有安排、有节奏地进行测试，在测试过程中培养其专业的需求剖解思维。
- **语义化搜索引擎支持**：依托图片相似度、文本相似度、语义相似度、路径相似度等引擎资源，实时分析推荐相似缺陷报告，增强众包工人的协作性，以减少重复报告，加强学生之间的交互和合作，提高学生最终提交的 bug 报告的质量，完成测试需求深度覆盖的同时，也使学生之间可以相互学习共同进步。
- **多维信息主动推送**：平台实时采集缺陷数据，分析计算得出测试路径热度、重要缺陷提示等增益信息，并及时推送到学生端，多维度锻炼学生的测试思路，并帮助教师查阅学生的贡献度及客观能力水平。

- **多模信息增益**：群体智能协作测试囊括探索式、增益式、审核式的多模型，将教师端、学生端、平台端有机融合，加强学生的学习主观能动性与协作性，通过众包审核机制减少教师工作量，提高测试报告质量。
- **自动化信息归集**：从实际项目出发，介入企业需求，获得真实的缺陷报告，采用自动化归集等高科技手段，降低教师重复性工作的同时，更科学客观地评估学生。

除附图 4 所示的平台优势外，慕测平台拥有大量的优秀案例，与很多企业深度合作，使用诸多来自实际生产中的应用程序构建测试案例库，确保平台内容的高质量，帮助学生更高效的学习。企业利用学生数量优势完成特定测试任务，进一步加深校企合作。